"十四五"时期国家重点出版物出版专项规划项目

航天先进技术研究与应用／电子与信息工程系列

深度学习理论及离线手写汉字识别应用研究

Research on Deep Learning Theory and Application of Offline Handwritten Chinese Character Recognition

但永平　王凤歌　著

哈尔滨工业大学出版社

HARBIN INSTITUTE OF TECHNOLOGY PRESS

内容简介

本书系统地介绍了深度学习理论及其在手写汉字识别中的应用。本书首先简要介绍了手写汉字识别的背景及其重要性,并对传统手写汉字识别技术进行了概述;其次,详细阐述了深度学习技术和模型压缩技术在手写汉字识别中的研究现状,并介绍了卷积神经网络、Transformer模型和类脑脉冲神经网络及其在手写汉字识别中的应用和优化。

通过系统的理论介绍和丰富的实验结果,本书展示了深度学习模型在手写汉字识别领域的广泛应用和显著效果。本书适合想要了解深度学习和人工智能,特别是研究使用深度学习识别手写汉字的研究生、工程师和研究人员阅读,还适合人工智能和深度学习的研究者、计算机视觉和自然语言处理领域的专业人员、高等院校相关专业的研究生和高年级本科生,以及从事手写识别和图像处理的技术人员阅读。

图书在版编目(CIP)数据

深度学习理论及离线手写汉字识别应用研究/但永平,王凤歌著. —哈尔滨:哈尔滨工业大学出版社,2024.9. —(航天先进技术研究与应用系列). —ISBN 978 - 7 - 5767 - 1618 - 4

Ⅰ. TP183

中国国家版本馆 CIP 数据核字第 2024UE5219 号

策划编辑	许雅莹	
责任编辑	杜莹雪　张　权	
封面设计	刘　乐	
出版发行	哈尔滨工业大学出版社	
社　　址	哈尔滨市南岗区复华四道街 10 号　邮编 150006	
传　　真	0451-86414749	
网　　址	http://hitpress.hit.edu.cn	
印　　刷	哈尔滨圣铂印刷有限公司	
开　　本	720 mm×1 000 mm　1/16　印张 13.5　字数 250 千字	
版　　次	2024 年 9 月第 1 版　2024 年 9 月第 1 次印刷	
书　　号	ISBN 978 - 7 - 5767 - 1618 - 4	
定　　价	58.00 元	

前　言

手写汉字识别在自动文字录入、现代化办公和无纸化生活中有着重要的研究价值。由于手写汉字种类繁多和书写风格迥异,因此手写汉字识别一直是研究的热点。近年来,随着人工智能、深度学习模型和算法的发展,手写汉字识别的应用日益广泛。

本书致力于系统地阐述深度学习在手写汉字识别中的应用,从传统方法入手,逐步引入先进的深度学习模型,包括卷积神经网络、Transformer 模型和类脑脉冲神经网络等。通过详细的理论分析和实验研究,本书希望为读者提供一条清晰的学习路径,从而掌握手写汉字识别的核心技术和应用方法。

在撰写本书的过程中,作者力求将理论与实践相结合,通过丰富的实验数据和实例分析,使读者能够深入理解每一种方法的优缺点及适用场景。同时,本书还关注前沿技术的最新进展,探讨了模型压缩、快速并行计算等关键问题,为读者展示了手写汉字识别领域的广阔前景。书中部分彩图以二维码的形式随文编排,如有需要可扫码阅读。

本书分为 14 章,主要包括:传统手写汉字识别方法及其分类;深度学习模型与手写汉字识别的研究现状;卷积神经网络基础理论与应用模型,包括 AlexNet、VGG、GoogleNet、ResNet 等经典模型;基于卷积神经网络的手写汉字识别模型设计与优化,探讨 EfficientNet、SqueezeNet、ShuffleNet、MobileNet 等轻量化模型的应用;深度卷积神经网络模型压缩研究,介绍知识蒸馏策略和参数剪枝等技术;

Transformer 模型及其变体在自然语言处理和计算机视觉中的应用,包括 Vision Transformer、Swin Transformer 等;并行快速 Vision Transformer 模型研究与轻量化设计;类脑脉冲神经网络基础理论及其在手写数字和汉字识别中的应用。

本书由中原工学院集成电路学院但永平、王凤歌撰写。其中,但永平撰写第 1 章、第 7～14 章,王凤歌撰写第 2～6 章。研究生李卓、朱棕楠、靳蔚首、张蒙召、王志达、孙昌浩为本书的撰写做了大量工作。全书由但永平统稿。

本书适合想要了解深度学习、人工智能,特别是研究使用深度学习识别手写汉字的研究生、工程师和研究人员阅读,还适合人工智能和深度学习研究者、计算机视觉和自然语言处理领域的专业人员、高等院校相关专业的研究生和高年级本科生,以及从事手写识别和图像处理的技术人员阅读。

由于作者的水平和经验有限,书中疏漏之处在所难免,敬请读者和专家批评指正。

作 者

2024 年 6 月

目　录

第 1 章

绪　论

随着人类生活的不断进步，在日常信息处理中，人机交互已经成为最重要的技术之一。如今深度学习技术解决了人机交互的各类问题，它能够自动挖掘处理数据潜在的联系，避免了传统方法的弊端。在手写票据信息收录、试卷作答内容收录、盲人实时读览、手写古传文献收录等领域，可以应用手写汉字识别技术，使这些领域中的操作变得更加高效。汉字记录了中华文化的发展进程，它所带来的连锁效益和存在的识别难题使得手写汉字识别成为人机交互领域中炙手可热的问题，越来越多的研究者投入研究。因此，在手写汉字识别应用中，采用人机交互深度学习技术具有天然的优势。

汉字是我国交流信息、感知世界的重要媒介。在社会快速发展的过程中，人们需要获得大量的文字信息，因此将纸质文档转换为电子方式存储和共享能够给生活带来便利。传统的方法依靠人工输入，在输入的过程中存在输入速度慢、容易出现错误的情况。手写汉字识别技术能够提高汉字录入的效率，还可以避免汉字录入过程中出现错误的问题。人工智能技术的蓬勃发展使得手写汉字识别技术在实际场景中得到广泛应用。大量的研究证明了人类通过视觉获取大多数信息，如果能够借助便携式设备准确识别文本信息，可以给视觉障碍的人提供方便。在无人驾驶技术中，汉字识别技术能够对交通指示牌上的道路信息进行准确识别，协助汽车更安全、高效地驾驶。在日常生活中，汉字识别技术在邮件分拣、票据处理、证件识别和自动阅卷等领域具有广阔的应用前景[1]。如图 1.1 所示,汉字识别可以分为印刷体汉字识别和手写汉字识别,手写汉字识别又可分为离线手写汉字识别和在线手写汉字识别[2]。对由机器打印的汉字进行识别的过程属于印刷体汉字识别,印刷体汉字识别的难度主要在于汉字字体的不同,这类汉字特征明显,因此易于识别。在线手写汉字识别多应用于电子设备的手写输入,可以根据书写者的书写顺序进行识别,同样具有易于识别的特点;离线手写汉字识别是对纸张上的手写汉字信息进行识别,由于不同的书写者拥有不同的书写习惯和书写风格,而且很难通过笔画顺序进行识别,因此离线手写汉字识别的复杂度和难度很高,需要对其进一步研究。最近的研究主要是为了达到更高的准确率,因此采用复杂的卷积神经网络(convolutional neural network,CNN)结构实现,但在树莓派、手机等嵌入式系统中部署手写汉字识别时,更需要考虑模型的准确率和体积,因此开展了面向手写汉字的深度神经网络模型优化与压缩研究。

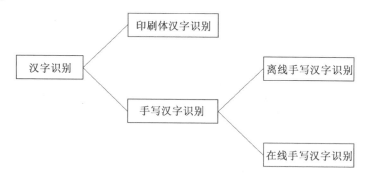

图 1.1　汉字识别的分类

离线手写汉字识别是图像识别领域中的研究热点[3-5]。历经五千多年的发展,汉字演变过程如图 1.2 所示。在汉字演变过程中,产生了多种类型的汉字,而且不同类型的汉字书写风格也不一样,同时含有大量的形近字[6],这就使得手写汉字识别变得更困难,深度神经网络模型的出现能够有效解决这一问题[7-9]。深度神经网络模型在图像识别领域展现了出色的性能,在充足的数据样本下,能够有效识别图像并实现图像分类[10-11]。

在科学技术与信息化迅速发展的今天,数字图像成为了人们学习知识和获取信息的关键途径之一[12]。人们每天都会接触大量的不同种类的图像,这些图像能够带来最直观的和有益的信息。然而,随着图像数量日益激增,人们为了借助图像了解和学习一些信息,往往会消耗大量的时间和精力,这就变相地给人们带来了麻烦和困扰[13]。于是,如何高效准确地从巨大规模的图像中获取有用的

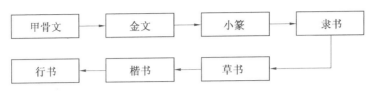

图 1.2 汉字演变过程

信息,并将不同的信息归类汇总显得异常重要。图像识别分类技术的出现给人们带来了极大的便利,这种方法有助于人们对同类图像信息快速地进行索引与查找,在很大程度上提高了人们处理图像的工作效率。目前,日常生活中图像识别分类技术随处可见,并普遍应用于不同的工作领域中,如智能交通[14]、无人驾驶[15]、车牌识别[16]、汉字分类[17]和文物碎片分类[18]等。

图像识别分类技术不仅是计算机视觉范畴的研究重点,还是模式识别中最重要的分支之一。从最初的传统识别分类技术到如今普遍的深度学习分类算法,图像识别分类技术发展得越来越成熟,取得了不错的效果。传统的图像识别分类流程如图 1.3 所示,它有三个重要步骤。首先,输入原始图像数据,经过第一步预处理操作,再经过第二个关键的步骤,即特征提取[19],然后是第三个步骤(识别分类)[20],最后根据特征输出图像的类别。图像数据预处理操作的目的是去除原始图像中的无效信息或者干扰因素,使有用和可靠的信息更加明显,进一步降低识别的错误率。普遍利用的预处理方法有图像的标准化与归一化两种。另外,最不可缺少的也是最核心的步骤是特征提取,提取出图像内包含的关键特征信息,更有利于保证识别准确率。在图像中提取到有用的特征信息之后,对其进行识别分类非常关键,在一定程度上决定识别分类性能的质量。经过获取的特征信息如果十分完整且质量好,那么分类准确率和效果就会很好。如果获得的特征信息不准确就会造成原始图像信息关键数据丢失,从而干扰最终的识别分类结果。识别分类主要利用分类器,需要用获得的特征信息来选择和训练分类器。传统的图像识别分类方法虽然在一些任务中获得了一定的成功,但仍然存在许多问题,如不能很好地处理和解决图像种类多、图像质量不高的分类问题。

图 1.3 传统的图像识别分类流程

随着人工智能领域的兴起和计算机硬件配置越来越高,人们尝试使用基于深度学习的图像识别分类方法去解决传统分类方法遇到的困难,并逐渐取代了传统分类方法的地位。基于深度学习的图像识别分类方法省去了传统分类方法中的预处理过程,图像直接输入网络模型,由网络自动学习图像特征并进行识别分类。深度学习模型被广泛应用在图像处理任务中,最具代表性的模型是卷积神经网络。经过快速的发展与创新,卷积神经网络模型越来越多,并且在图像识别分类任务中取得了成功。其中,最具有影响力的模型是 AlexNet[21]、ResNet[22]等。然而,随着研究越来越深入,卷积神经网络的发展已经基本成熟,很难出现新的突破,这限制了深度学习模型前进的"脚步"。直到 2017 年,Transformer[24]模型在自然语言处理领域中的翻译任务获得了巨大的成功和突破,引起了学术界的关注与热议。受这一成功案例的激发,近年来研究学者开始将 Transformer模型引入计算机视觉领域,试图用它来处理各项视觉任务,如图像分类、对象检测[26]和语义分割等,并取得了一定的成果。在处理视觉任务时,卷积神经网络作为基本网络组件[27],不过 Transformer 模型的出现和一系列优异表现成为了卷积神经网络模型的潜在替代网络。

深度卷积神经网络模型技术通过模型特征进行提取,构建深层次的网络结构,实现图像分类任务[28],如人工神经网络、卷积神经网络和循环神经网络等,这些网络结构被广泛地应用在计算机视觉处理的各项任务中,包括日常生活中常用的人脸识别技术,以及在智能家居和智能物联网应用下的语音识别任务、人工智能时代的无人驾驶任务和模式识别中的自然语言处理。卷积神经网络作为深度神经网络模型的核心内容,在离线手写汉字识别领域表现出色,能够取得较高的识别准确率[29-30]。然而,卷积神经网络朝着网络结构复杂、网络深度增加的方向发展,参数量也随之增多[31-32]。目前,便携式移动终端被广泛地应用在各个领域,而参数量多的模型难以部署在便携设备上[33]。因此,对网络模型的优化与压缩以构建小体积的卷积神经网络显得尤为重要。将小体积的汉字识别模型部署到树莓派、嵌入式系统等移动设备上具有重要的研究意义[34],对深度神经网络模型优化与压缩的研究备受研究者们的关注。

此外,无论是深度神经网络模型,还是 Transformer 模型及变体都存在参数量大、模型复杂度高等普遍的限制约束问题,将这些计算量大的模型移植到移动设备上是非常有难度的,甚至几乎是不可能实现的。脉冲神经网络(spiking neural network,SNN)是一种模拟生物神经系统的神经网络。与传统神经网络不同,SNN通过脉冲信号进行信息传递和处理,具有更高的生物逼真性和计算效率。在低功耗和实时处理任务中,SNN 展现出显著优势,特别适用于嵌入式系统和便携设备。尽管 SNN 在处理复杂任务时的性能仍需进一步提升,但研究者们正积极探索将 SNN 与深度学习模型结合,以实现高效、低功耗的智能系统。当前便携式移动设备越来越普遍并被人们广泛使用,涉及生活的多个领域,如树莓派 4B、现场可编程门阵列(field-programmable gate array,FPGA)和 Jetson Nano 开发板等。所以将参数量多、占用内存大的 Transformer 模型通过结构优化或者模型压缩,使其参数量减小和计算量降低,同时保证 Transformer 模型在图像分类任务中的性能。另外,轻松地将提到的这些模型在移动端实现落地具有重要意义,同时对人工智能领域产生跨时代的意义。

第2章

传统的手写汉字识别分类

图像识别这一概念于20世纪60年代首次被提出,受多方面不可控因素的影响和限制,在当时并没有引起研究者的重视,几乎没有什么进展。20世纪70年代,人们开始逐渐研究图像分类算法,五十多年来经历了从传统的经典分类方法到基于深度学习的特征分类方法,分类技术越来越先进。

2.1 数据集评测方法

在手写汉字识别的研究中,数据集的质量和评测方法至关重要,高质量的数据集和合理的评测方法能够有效推动技术的发展和实际应用。在手写汉字识别中,评测方法主要用于衡量模型的性能,包括准确率、召回率和F1分数等指标。本节对常用的评测方法和指标进行介绍。

(1)准确率。

准确率是评测指标之一,适用于样本类别均衡的数据集:

$$准确率 = \frac{正确识别的样本数量}{总样本数量} \tag{2.1}$$

（2）精确率和召回率。

精确率是指模型预测为正的样本中实际为正的比例：

$$精确率 = \frac{真正例}{真正例+假正例} \tag{2.2}$$

召回率是指实际为正的样本中被模型预测为正的比例：

$$召回率 = \frac{真正例}{真正例+假反例} \tag{2.3}$$

式中，真正例为被正确识别为正的样本数；假正例为被错误识别为正的样本数；假反例为被错误识别为负的样本数。

（3）F1 分数。

F1 分数是精确率和召回率的调和平均数，用于衡量模型存在类别不平衡情况下的性能：

$$F1\ 分数 = 2 \times \frac{精确率 \times 召回率}{精确率+召回率} \tag{2.4}$$

（4）混淆矩阵。

混淆矩阵是一种可视化工具，用于展示模型预测结果的分布情况。混淆矩阵的每一行表示实际类别，每一列表示预测类别。通过混淆矩阵可以直观地看出模型在各类别上的表现和错误分类情况。

（5）交叉验证。

交叉验证是一种常用的模型评估方法，通过将数据集划分为多个互斥的子集，多次训练和测试模型以获得更稳定和可靠的评估结果。

常用的交叉验证方法包括 K 折交叉验证（K-fold cross-validation），其中数据集被划分为 K 个子集，依次使用每个子集作为测试集，其余子集作为训练集。

2.2 传统手写汉字识别系统

传统的手写汉字识别系统主要包括三个重要步骤：数据预处理、特征提取和识别分类。数据预处理主要包括样本归一化、平滑去噪、整形变换、伪样本生成和添加虚拟笔画（对在线数据）等。特征提取可以分为结构特征提取和统计特征提取两种，结构特征提取主要对汉字结构、笔画或部件进行分析提取，但对手写字符而言，目前最好的特征提取是统计特征提取，如方向特征提取。对离线手写汉字识别而言，加伯（Gabor）特征提取及梯度（gradient）特征提取是目前比较好的两种方向特征提取方法;对在线手写汉字识别而言,方向特征提取是目前最有效的特征提取方法之一。分类器最常用的识别分类模型有改进的二次判别函数(modied quadratic discriminant function,MQDF)、支持向量机(support vector machine,SVM)、隐马尔可夫模型(hidden markov model,HMM)、鉴别学习二次判别函数(discriminative learning quadratic discriminant function,DLQDF)和学习矢量量化(learning vector quantization,LVQ)等。对于文本行识别,主要有基于切分策略和无切分策略的两种识别方法,切分策略分别利用投影法、连通域分析法等对文本行进行字符分割,利用单字分类器对分割好的字符进行识别,而无切分策略则利用滑动窗口按一定的步长滑窗,利用单字分类器对滑动窗口内的字符进行识别,结合统计语言模型,在贝叶斯等学习框架下对整个文本行的上下文关系进行建模,以实现对整个文本行的识别。

2.3 传统图像分类技术

在传统的图像分类技术中,对图像的特征进行完整的提取是非常必要的。其中,方向梯度直方图(histogram of oriented gradient,HOG)[35]和局部二值模式(local bianray pattern,LBP)[36]是常见的局部特征提取技术。之后是模型选择不同的分类器,分类器的作用是将提取到的特征分类,普遍被使用的分类器有 k-近邻、线性回归、逻辑回归、支持向量机和贝叶斯分类器[37]。其中,SVM 有两个突出的优势:分类误差准则利用了比较大的间隔;采用映射在维度高的非线性转换中提高模型非线性。与另外几种分类器相比,SVM 分类器使用更广泛,并且泛化能力与分类效果更佳。Dalal 于 2005 年提出了 HOG 算法[38]。HOG 算法属于传统的特征检测方法,与尺度不变特征变换(scale-invariant feature transform,SIFT)[39]算法一样具有代表性。HOG 算法的作用是增强图像外部边缘像素,精确描绘出图像的外部边缘关键信息。后来,Dalal 发现 HOG 算法与 SVM 联合使用能在一定程度上提高分类准确率。然而,传统分类方法中特征提取和分类器是互相分开的,手动提取的特征信息不太充分,传统分类方法就不能获得良好的效果。另外,传统方法扩展能力比较弱,当面对复杂、干扰多的图像时分类效果并不是很理想。

传统手写汉字识别的主要研究内容是将输入图像的重要信息表征出来,之后进行分类,图 2.1 所示为传统手写汉字识别的过程。

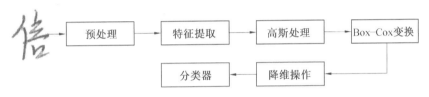

图 2.1　传统手写汉字识别的过程

在传统手写汉字识别过程中,图像输入前需要进行图像的预处理,通常需要进行图像增强,将输入图像中的干扰信息过滤,保留输入图像中的重要特征信息;之后进行图像采样特征提取,将提取到的特征采用线素方向特征和四角特征、笔画密度特征等方法生成特征向量;最后,对生成的特征向量进行高斯处理,然后使用 Box-Cox 进行转换,此时特征向量的维度较高,需要进行降维操作,以便分类器进行图像分类。在传统手写汉字识别中,改进的二次判别函数和鉴别学习二次判别函数取得了很好的识别效果,具有较高的识别准确率。目前,传统的手写汉字识别方法已经难以有新的突破,需要探索新的方法用于离线手写汉字识别。

近年来机器学习和深度学习技术飞速发展,给离线手写汉字识别带来了新的方法,想要将这些方法应用于手写汉字识别,就必须了解深度学习的基本理论和方法。

2.4　本章小结

本章介绍了数据集评测方法,回顾了图像识别的发展历程,特别是手写汉字识别的传统方法。传统手写汉字识别方法主要包括数据预处理、特征提取和识别分类三个步骤。尽管传统方法在特征提取和分类器应用上取得了一定的成果,如方向梯度直方图和支持向量机,但其特征提取和分类器相互分离,导致分类效果不佳且扩展能力有限。随着机器学习和深度学习技术的发展,离线手写汉字识别迎来了新的机遇。想要有效应用这些新方法,就必须掌握深度学习的基本理论和方法,本书后面章节将详细探讨深度学习在手写汉字识别中的基本理论。

第3章

深度学习模型与手写汉字识别的研究现状

3.1 深度学习技术

深度学习作为机器学习的重要部分,它在人工智能领域发挥着举足轻重的作用[40]。深度学习由多个分类器共同协作完成,这些分类器在经过线性回归后,被输入到激活函数中,与传统的统计线性回归 $W^{\mathrm{T}}X+b$ 方法相同,但在深度学习中,网络模型是通过神经元进行连接的,神经元在接收到输入信息后,会生成一个输出,对输入神经元的接收进行加权和计算可以得到输出层的每个神经元,然后使用简单的非线性转换函数进行输出。在现代网络中,对权值的修正通常采用梯度下降法,考虑节点处的误差导数,通常把这种方法称为反向传播,因此卷积神经网络模型包含权值共享、局部连接和反向传播训练策略。基于反向传播方法提出了 LeNet-5,该网络由输入层、卷积层、池化层、全连接层(full connected layer)和输出层构成[41],LeNet-5 的出现标志着研究深度学习的开始。之后,AlexNet 在 2012 年的 ImageNet 大规模视觉识别挑战赛上取得冠军,使深度学习又一次被研究者们重视;AlexNet 模型的出现引起了研究者们对深度学习模型的研究。如图 3.1 所示,对 LeNet-5 和 AlexNet 进行比较。在 AlexNet 模型中,采用随机失活（dropout）的方法避免了过拟合。此外，使用修正线性单元（rectified linear unit, ReLU）作为激活函数，这为后续深度学习发展起到了极大的促进作用。在 AlexNet 取得出色结果后，研究者们在 AlexNet 基础上，通过对网络结构的创新提出了许多改进模型。He 等[42]提出空间金字塔降池化方法，由于对输入图像的大小没有要求，因此不需要裁剪缩放操作，进而提高识别准确率。Li 等[43]通过在网络结构中采用模块分支的方法降低参数量，同时舍弃全连接层，使用全局加权池化层代替，在减少模型参数的同时不损失识别准确率。通过不断地对网络模型进行改进，基于深度学习的卷积神经网络已经在人工智能的各个领域大放异彩。

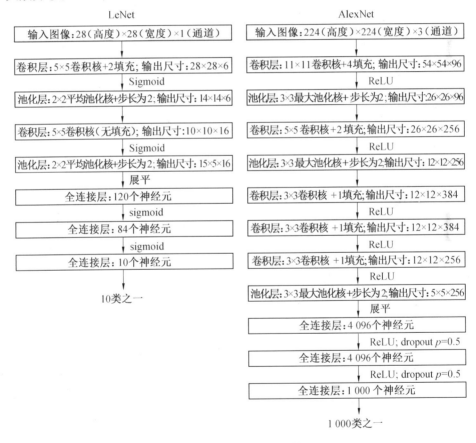

图 3.1　LeNet 和 AlexNet 模型

Transformer 模型可以作为新兴神经网络模型的代表之一，它的结构属于一种编码解码体系。Transformer 模型主要依靠注意力机制[44]来对内部特征信息进行提取，在人工智能领域展现出巨大的应用潜力。最早提出 Transformer 模型是为了用来应对自然语言处理(natural language processing,NLP)任务中遇到的难题,并显著地促进了一些常规任务的效果提升。

2017年,Vaswani等[24]首次提出了Transformer模型,目的是处理机器翻译和英语选区解析任务。2019年,Devlin等[45]提出了基于Transformer的双向编码器表征(bidirectional encoder representations from transformer,BERT)模型,这是一个全新的语言表示模型,该模型旨在双向联合上下文来预处理未标记的文本,预训练的BERT模型可以微调一个多余的输出层,达到模型适用于多种任务的目的。总之,BERT模型诞生后,在多项NLP任务中取得了不错的性能表现。Brown等[46]预先训练了一个模型,称为GPT-3(generative pre-trained transformer 3)模型。GPT-3模型不用进行微调,直接应用在下游任务中就能够实现好的性能。

由于Transformer模型采用注意力机制在自然语言处理领域的出色表现,众多科研人员开始采用Transformer模型处理计算机视觉任务,并表现出卓越的性能。其中,Dosovitskiy等[47]于2021年提出了应用在视觉任务中的ViT(vision transformer)模型,ViT模型的输入通常是图像块序列,主要利用编码器模块。ViT模型在图像分类任务上获得了出人意料的表现,甚至可以与当时最好的卷积神经网络模型媲美,自然成为图像分类的通用框架模型。此外,Transformer模型应用在遥感图像中,用来解决遥感图像分类的问题。2021年,Bazi[49]提出了一种基于ViT模型的遥感场景分类方法,该方法使用数据增强策略来增加训练数据。另外,通过去除一半的Transformer编码器层得到了最佳压缩模型,在不同的遥感数据集上取得了有竞争性的分类准确率。为了更好地关注遥感场景图像局部信息特征,王嘉楠等[50]于2021年提出了一种双分支结构的遥感图像分类模型,即视觉转换器和图像卷积网络相结合的模型。使用视觉转换器进行内部特征联系,以及使用图像卷积网络进行内部结构建模,最后融合两个分支产生的特征对其进行分类,实验证明双分支结构在遥感场景分类中有一定的效果。虽然Transformer模型在视觉任务中有不错的表现,但也存在许多常见问题需要进一步研究解决。

为了降低模型参数量和提高模型准确率,越来越多的研究者探究基于Transformer模型压缩的方法。其中,Touvron等[51]于2021年针对Transformer模型引入了知识蒸馏(knowledge distillation,KD)策略,该方法依赖于一个蒸馏令牌,学生模型通过注意力机制从教师模型学习到重要知识,当使用卷积神经网络作为教师模型时,学生模型(Transformer模型)可以取得不错的结果。Zhang等[52]提出了一种新的压缩框架MiniViT,这种模型能够有效实现ViT模型的参数减少,同时保持了同样的性能表现。MiniViT 模型的核心思想是重复利用连续 Transformer 块的权重,共享权重在各层之间,同时对权重进行转换来增加权重的多样性,实验验证了 MiniViT 模型的正确性。2022 年,Wu 等[53] 提出了 TinyViT 模型,这是一个新的小型且高效的 ViT 模型。TinyViT 模型提出了一种快速蒸馏框架,使用该框架在大规模数据集上进行预处理。蒸馏的关键思想是将知识从大的预训练模型迁移到小的模型上,同时使小的模型获得大量预训练数据的优势,实际上是在知识转移的预训练期间使用蒸馏方法,实验证明了 TinyViT 的效果。同一年,Yang 等[54] 探索设计了基于特征的 ViT 模型知识蒸馏方法,这种方法基于 ViT 模型中特征图的性质,通过设计一系列受控实验,导出 ViT 模型特征提取的三个指导原则。基于这三个指导原则,以及基于特征的 ViT 模型知识蒸馏方法,学生模型在性能上有了显著提升。

为了解决图像块交互的限制问题,Dong 等[55] 提出了一种十字形窗口自注意力机制模型,用于在形成十字形窗口的平行和垂直条纹中计算自注意力机制,将输入特征分割为相等宽度的条纹,从而获得每个条纹。十字形窗口自注意力机制模型实现了强大的建模能力,同时限制了计算成本。Lin 等[56] 在 Transformer 模型中提出了一种新的注意力机制,称为交叉注意力(cross attention),该注意力机制通过在图像块内(而不是整个图像内)进行交替注意力,达到捕捉局部信息的目的。此外,还从单通道特征图分割的图像块之间应用注意力机制,这样做的作用是捕捉全局信息。模型在补丁内部和补丁之间交替使用注意力机制能够显著降低计算成本。

研究者试图在 Transformer 模型中引入分层的想法,与卷积神经网络的思想一样。2021 年,Wang 等[57] 设计提出 PVT(pyramid vision transformer)模型,PVT 模型利用不重叠图像块来降低序列的长度,该模型利用渐进式收缩金字塔减少特征图的计算。此外,在许多实验中证明 PVT 模型能够提高下游任务的性能。受到 PVT 模型的收缩思想启发,Heo 等[58] 提出了一种基于池化的 ViT 模型,经过池化操作进行线性嵌入,有效提升模型的泛化性能。Wu 等[59] 提出一种新的模型结构,称为卷积 ViT 模型,该结构利用卷积和 ViT 模型中的优点来产生两种设计中的最佳效果,提高了视觉变换器的性能和效率,同时提出的新模型有更少的参数。

为了提高模型的局部特征捕捉性能。2021 年,华为团队的 Han 等[60] 设计了一种全新结构,即 TNT(transformer in transformer)模型,TNT 模型对不同图像块之间和同一图像块内部进行信息建模处理,这样做不仅关注到不同图像块之间的信息关系,而且注意每个图像块内部像素间的信息,还可以增强模型的表达能力。Liu 等[61] 提出了一种新的分层移动窗口 Transformer 模型,即 Swin Transformer 模型,该模型通过移位窗口计算表示。移位窗口方案将自关注计算限制到非重叠的局部窗口,同时允许跨窗口连接,从而提高计算效率。这种分层结构在各种尺度上建模上都具有灵活性,该模型在图像分类和多个任务上取得了最好的性能表现。

3.2　模型压缩技术

在早期的卷积神经网络结构中,卷积层含有大量的计算成本,全连接层包含大量的网络参数,因此很难将此类网络部署到计算能力有限的硬件设备中。目前,网络模型压缩具有广泛的应用场景,研究者们采用多种方式改进模型压缩技术[62]。模型压缩技术旨在保证网络模型性能的同时,减少卷积神经网络中的参数量[63]。卷积神经网络通常是由多层网络堆叠而成,随着网络深度和宽度的不断增加,网络的识别准确率不断提高,如 VGGNet、ResNet 和 GoogLeNet 等含有较多网络层的模型具有很好的识别性能。研究者们为了追求更好的识别准确率,卷积神经网络将朝着更复杂的网络发展,但网络性能不能只考虑识别准确率,模型体积也不应该被忽视。

最近,模型压缩技术取得了突破性的进展[64],这些进展主要分为深度卷积神经网络压缩[65] 和紧凑型网络的设计[66-69]。Jaderberg 等[70] 构造了空间域秩为 1 的低秩滤波器,将四维核矩阵分解为两个三维滤波器的组合。Lebedev 等[71] 使用规范多项式(canonical polyadic decomposition,CP 分解)将原来的卷积层替换为一个包含小核的四个卷积层序列。Han 等[72] 通过结合联合剪枝、权值量化和 Huffman 编码,实现了深度压缩。Li 等[73] 和 He 等[74] 旨在去除特征图上多余的通道。通道裁剪[75-76] 不会导致稀疏连通模式,因此不需要像 Han 等方法那样特殊的稀疏卷积库。Lin 等[77] 提出了一种新的全局平均池化策略来替代无参数的全连接层。与此同时,紧凑型网络也涌现出来[78-80]。Courbariaux 等[81] 和 Hubara 等[82] 将权重和激活限制为 ±1,并用一位异或操作取代大多数浮点乘法,虽然能够提供很好的压缩率,但在处理大型卷积神经网络时识别准确率下降很多。为了将模型在资源有限的设备上部署,对卷积神经网络模型进行压缩[83-84]。常见的模型压缩方法可以分为参数共享、知识蒸馏[85-86]、裁剪[87-88]、量化和紧凑网络设计,这些方法都取得了很好的压缩效果。Luo 等[89]通过分析模型中滤波器的重要性,将不重要的权重裁剪,使模型变得更小。Yang 等找出卷积神经网络中能耗大的参数,将其裁剪,之后使用最小二乘法对网络进行微调,恢复模型的性能。Han 等[90]通过找到网络模型中的关键连接,裁剪冗余的连接以减少模型参数。Han 等[91]提出了高效推理引擎的方法,将压缩模型应用在硬件上。裁剪的方法能够大幅减少网络模型中的参数量,达到压缩模型的目的。

　　模型压缩还可以通过知识蒸馏[92-95]的方法实现。知识蒸馏这一概念最早是由 Hinton 等[96]提出的,为了使学生模型的输出尽可能地接近教师模型,采用最小化相对熵的方法将学生模型的输出分布近似教师模型。为了让学生模型更好地理解教师模型,Kim 等[97]提出了相关性因子加权学习法,在对教师模型输出编码的过程中使用卷积运算,之后解码传递给学生模型。Passalis 等[98]提出概率分布学习法,通过将教师模型的概率分布传递到学生模型,使学习的过程变得简单化,同时使学生模型具有更好的鲁棒性。Romero 等[99]从另一个角度出发,将知识蒸馏的过程应用在教师模型的中间层。Huang 等[100]提出了一种基于滤波器的知识蒸馏,这种方法不仅更细节地展示知识蒸馏的过程,而且这种蒸馏方法具有很好的泛化性。根据不同的学习特点,神经元从输入特征中提取几种指定的特征,这个过程可以理解为神经元的选择性。将滤波器作为整体,对每层中的每个滤波器进行损失配对,这就是滤波器级别的知识蒸馏,同时实现了对特征选择学习的能力。在深度学习不同的图像分类任务中,较小的模型很难获取输入图像的边界信息,这就导致较小的模型很难对图像进行分类。与之相反的是,大模型具有很好地处理图像边界的能力,这可以说明大模型比小模型性能更好。根据这一特点,尝试让学生模型学习教师模型的边界处理能力,这种方法被称为激活边界学习法[101-102]。激活边界学习法使用边界误差的方法引导学生模型学习教师模型,主要学习教师模型的边界处理能力。

3.3　手写汉字识别

　　汉字作为世界上最古老的文字之一,在世界范围内被普遍使用。从古到今,汉字是信息传递和文化传播的重要载体,记录了我国历史及发展。汉字的使用遍布日常生活的各个角落,给人们的学习、生活带来了极大的便利。随着我国工业 4.0 和信息多元化时代的到来,汉字识别分类技术被应用在各种领域中,如邮件分类[105]、银行支票阅读等。如何正确高效地进行手写汉字识别分类对人们有重要意义。

最初的手写汉字识别分类方法都是基于传统的分类方法。手写汉字识别分类方法主要包括三个基本过程:汉字图像预处理、特征提取和分类识别[120]。其中,图像归一化[121]是汉字图像预处理常用的方法;针对手写字符,最有效的特征提取方法是方向特征提取和梯度特征提取[122];常用的分类器有支持向量机[123]、鉴别学习二次判别函数[124]和学习矢量量化[125]。经过多年的研究,这些传统的手写汉字识别分类方法在发展过程中遇到了一系列瓶颈,如准确率低、效率慢等,并且在后来的基于传统识别框架的研究中并没有取得新的进展和突破,但深度学习的兴起为手写汉字识别带来了新的活力和极其有效的解决方法。目前,手写汉字识别分类方法已经由原来的传统方法过渡到使用卷积神经网络模型的方法。此外,基于深度学习[126]的方法越来越受人们欢迎,同时由于科研人员的不懈努力和积极探索创新,深度学习模型(特别是卷积神经网络方法)在手写汉字识别分类领域取得了显而易见的突破和成就。

汉字与日语也有一定的渊源,汉字最早起源于我国,日本后来开始对汉字进行研究,到了19世纪80年代我国学者才开始慢慢关注手写体汉字,以及开展了汉字识别的大量研究。由于我国人民从小就接触汉字,对汉字的笔画构成、含义非常熟悉,因此对手写汉字识别的大量研究与创新技术几乎全部来自我国。字符识别技术最早出现在1929年,被用于纸质文档中的信息处理。历经四五十年的发展,汉字识别技术更加成熟,实现了信息处理智能化。20世纪70年代末,我国开始对印刷体汉字识别技术进行研究。自从20世纪80年代以来,手写汉字识别作为模式识别的一个重要研究领域,得到了学术界的广泛研究和关注[120],如今手写汉字识别在自动化办公、手写汉字录入等应用场景有着重大价值。

随着卷积神经网络的出现,在手写汉字识别分类任务中常常采用卷积神经网络的方法。Dan 等[128]提出多列深度神经网络(multi-column deep neural network,MCDNN),它是第一个实现手写汉字识别的卷积神经网络模型[129-130]。MCDNN在不同的数据集上训练了八个网络,每个网络有四个卷积层和两个全连接层,单个网络取得了94.47%的识别准确率,比传统算法有明显的提升。基于卷积神经网络的 Fujitsu 网络模型取得了94.77%的识别准确率[131]。转换训练松弛卷积神经网络达到了96%的识别准确率,使机器的视觉更趋近于人类的视觉[132-133]。2013年,Liu 等[2]提到目前在手写汉字识别分类中表现最好的是基于深度神经网络模型的方法,多列深度学习网络由多个神经网络组成,最终识别准确率与人类表现相当。Chen 等[135]提出了一种基于卷积神经网络的手写字符识别框架,通过使用适当的样本生成的训练方案与 CNN 网络结构相结合,在常用的汉字数据集上识别错误率非常低。2016 年,Zhang 等[136]将传统的标准化协同方向分解特征图(直接图)与深度卷积神经网络相结合,共同构建了一个性能优异的网络,在在线手写汉字识别和离线手写汉字识别上都取得了很高的准确率。2019 年,Liu 等[137]提出了一种写作风格对抗网络结构,该网络结构包含特征提取器、字符分类器和写作分类器三个部分。使用特征提取器学习原始图像的深度表示,然后通过最小化字符分类器的损失和最大化写作分类器的损失联合优化网络,在 CASIA-HWDB1.1 上的实验结果证明了写作风格对抗网络可以提高手写汉字识别准确率。侯杰[138]提出了基于 GoogLeNet 的离线手写汉字识别模型 HCCR-IncBN,该模型不仅降低了训练参数,还取得了 95.94% 的高准确率。2021 年,周於川等[139]提出了一种改进的 SqueezNet 模型,该模型保留了用小卷积核替换大卷积核的策略,并使用动态网络手术算法确保已被错误删除的重要参数被重新映射,改进后模型的准确率为 96.03%。

在大多数卷积神经网络中,卷积层产生了大部分的计算成本,全连接层包含了大量的网络参数。为了降低卷积层的计算成本,Cong 等[140]使用斯特拉森(Strassen)快速矩阵乘法算法,在不损失准确率的情况下降低卷积层的运算复杂度。Mathieu 等[141]采用快速傅里叶变换将卷积计算转化成为频域逐点乘积,实现快速计算。Lavin 等[144]使用最小滤波算法来减少卷积层中的乘法操作。对于全连接层,Chen 等[145]使用哈希函数将权重分配到有限的组内,在同一组内的连接共享参数值。Xue 等[146]采用奇异值分解的方法分解网络模型中的权值矩阵,以此来减少全连接层中的参数。张量分解将权值分解成若干块[147],利用小核计算卷积。无论是对卷积层还是对全连接层进行修改,都在一定程度上推动了卷积神经网络在手写汉字识别领域中的应用。目前,对于手写汉字识别问题,传统的识别方法已经很难满足人们对识别准确率和参数量的需求。在卷积神经网络技术的驱使下,研究者们设计多种手写汉字识别模型,不断提高手写汉字识别的准确率。同时,通过对卷积层和全连接层的不断优化,使网络模型的参数量减少。

3.4　本章小结

　　本章首先回顾了图像识别和手写汉字识别的发展历程,介绍了传统的手写汉字识别方法,包括数据预处理、特征提取和分类识别。这些方法在一定程度上取得了成功,但特征提取和分类器相互分离,导致分类效果不佳且扩展能力有限。随后,本章详细探讨了深度学习(特别是卷积神经网络)在手写汉字识别中的应用。LeNet-5、AlexNet 等经典网络模型的提出,标志着深度学习在图像识别领域的广泛应用和显著成果。同时,Transformer 模型作为一种新兴的神经网络结构,凭借自注意力机制在自然语言处理和计算机视觉任务中的出色表现,进一步推动了手写汉字识别技术的发展。近年来,针对模型压缩与优化的研究,如知识蒸馏、模型压缩等技术,不断提高了识别模型的性能和效率。总体来说,深度学习技术的快速发展为手写汉字识别带来了新的机遇和解决方案,为后续研究提供了重要的理论和实践基础。

第 4 章

卷积神经网络模型基础理论

本章详细介绍了卷积神经网络的核心组成结构及其基本内容,本章内容是后面章节涉及的重要知识的基础,也是后面章节手写汉字识别研究的关键依据。

4.1　CNN 的基本结构

1989 年,真正意义上的卷积神经网络诞生,卷积这个词首次被人们知道。卷积神经网络结构十分简单,仅有卷积层和全连接层,然而其参数巨大,大概有六万个。1998 年,首个卷积神经网络模型 LeNet-5[23] 被 LeCun 提出,并被用来解决手写数字识别问题,该模型在 MNIST 数据集上获得了非常高的识别准确率。由于 LeNet-5 在手写数字识别任务中的成功,促进了各种深度卷积神经网络的诞生和快速发展。

卷积神经网络被认为是一类深度神经网络,深度体现在卷积结构。卷积结构有众多优势,如避免过拟合、减少参数和减少内存使用。卷积神经网络基本框架如图 4.1 所示。从图中可以看出,一个最普通的卷积神经网络包含几个重要结构,一般有卷积层、池化层(下采样层)和全连接层,还有各种激活函数。复杂一点的卷积神经网络是卷积层和池化层重复叠加。卷积神经网络输入数据是图像形式。首先,卷积神经网络对图像尺寸进行修剪或填充为统一像素尺寸,一般是224×224。其次,卷积神经网络对输入的数据经过若干卷积和池化处理后进行重要特征捕捉,最后普遍会加入一系列全连接层,每层都是由包含许多神经元的特征图组成;如果卷积神经网络需要执行多分类任务,最终通过激活函数得到输出结果。

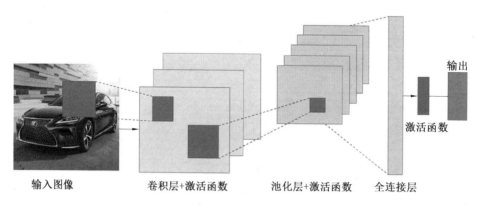

图4.1 卷积神经网络基本框架

图像的传统分类方法是手动提取特征信息,过程比较烦琐且浪费时间。卷积神经网络采用自动提取特征的方式,提高了提取效率,因此卷积神经网络模型在图像分类领域应用普遍,成为研究者的重要研究对象。本节详细介绍卷积神经网络结构的具体作用与功能。

4.1.1 卷积层

卷积层是卷积神经网络的重要组成,内部含卷积单元。卷积运算的用途是获取图像的各种特征。当图像送入卷积层,经过一系列卷积操作处理后获取关键特征,前面的卷积层仅会得到一些边缘、线条等基本特征信息,后面的卷积层才会得到关键的特征信息。卷积属于一种数学运算,即两个矩阵相乘,再把相乘得到的积相加求和。

卷积核的另一个名字是滤波器(filter),滤波器覆盖的范围称为感受野。实际卷积层参数设定中,感受野不会大于输入图像像素。如果感受野设置太大,卷积层得到的特征会含无用信息,感受野设置太小,则可能丢失一些有用信息。常见的卷积核的像素尺寸有三种,分别是3×3、5×5和7×7。为了更容易地理解卷积的运算过程,本节举一个简单例子说明,二维卷积运算过程如图4.2所示。

从图4.2的运算过程可以得到,前面卷积层的输出作为本次输入,像素尺寸

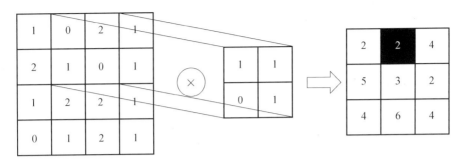

图 4.2　二维卷积运算过程

是 4×4 的图像,使用卷积核 2×2 进行卷积操作,卷积核平移步长设置为 1,黑色框输出计算过程为 0×1+2×1+1×0+0×1=2,最终得到输出大小为 3×3。

卷积层的输出特征受若干参数影响。经过卷积运算后输出的特征图尺寸 O_i 的计算公式为

$$O_i = \frac{H_i + 2P - C}{S} + 1 \tag{4.1}$$

式中,H_i 为输入特征的大小;S 为步长;P 为需要填充的像素;C 为卷积核尺寸。

由单位卷积核组成的卷积层被称为网中网(network-in-network, NIN)或多层感知机卷积层(multilayer perceptron convolution layer, MLPCONV)。单位卷积核可以在保持特征图尺寸的同时减少图的通道数,从而降低卷积层的计算量。完全由单位卷积核构建的卷积神经网络是一个包含参数共享的多层感知机(muti-layer perceptron, MLP)。

在线性卷积的基础上,一些卷积神经网络使用更复杂的卷积,包括平铺卷积(tiled convolution)、反卷积(deconvolution)、转置卷积(transposed convolution)和扩张卷积(dilated convolution)。

(1)平铺卷积的卷积核只扫过特征图的一部分,剩余部分由同层的其他卷积核处理,因此卷积层间的参数仅被部分共享,有利于卷积神经网络捕捉输入图像的旋转不变(shift-invariant)特征。

(2)反卷积或转置卷积将单个输入激励与多个输出激励相连,对输入图像进行放大。由反卷积和向上池化层(up-pooling layer)构成的卷积神经网络在图像语义分割(semantic segmentation)领域应用,也被用于构建卷积自编码器(convolutional auto-encoder, CAE)。

(3)扩张卷积在线性卷积的基础上引入扩张率以提高卷积核的感受野,从而获得特征图的更多信息,在面向序列数据使用时有利于捕捉学习目标的长距离

依赖(long-range dependency)。使用扩张卷积的卷积神经网络主要被用于自然语言处理领域,如机器翻译、语音识别等。

卷积层参数包括卷积核尺寸、步长和有无填充,三者共同决定了卷积层输出特征图的尺寸,是卷积神经网络的超参数。

(1)卷积核尺寸可以指定为小于输入图像尺寸的任意值,卷积核越大,可提取的输入特征越复杂。

(2)卷积步长定义为卷积核相邻两次扫过特征图时的距离,卷积步长为1时,卷积核会逐个扫过特征图的像素,步长为 n 时会在下一次扫描跳过 $n-1$ 个像素。

(3)由卷积核的交叉相关计算可知,随着卷积层的堆叠,特征图的尺寸会逐渐减小,例如 16×16 的输入图像经过单位步长、无填充的 5×5 的卷积核后,会输出 12×12 的特征图。为此,填充是在特征图通过卷积核之前人为增大其尺寸以抵消计算中尺寸收缩的方法。常见的填充方法有按 0 填充和重复边界值填充(replication padding)两种,根据填充层数和目的可分为以下四类。

①有效填充(valid padding),即完全不使用填充。卷积核只允许访问特征图中包含完整感受野的位置,输出的所有像素都是输入中相同数量像素的函数。使用有效填充的卷积被称为窄卷积(narrow convolution),窄卷积输出的特征图尺寸为 $(L-f)/s+1$。

②相同填充/半填充(same/half padding)。只进行足够的填充来保持输出和输入的特征图尺寸相同。相同填充下特征图的尺寸不会缩减,但输入像素中靠近边界的部分相比于中间部分对特征图的影响更小,即存在边界像素的欠表达。使用相同填充的卷积被称为等长卷积(equal-width convolution)。

③全填充(full padding)。进行足够多的填充使得每个像素在每个方向上被访问的次数相同。步长为1时,全填充输出的特征图尺寸为 $L+f-1$,大于输入值。使用全填充的卷积被称为宽卷积(wide convolution)。

④任意填充(arbitrary padding)。介于有效填充和全填充之间,人为设定的填充,较少使用。

4.1.2 池化层

池化层作为卷积神经网络不可或缺的一部分,在网络模型中对输入进行下采样操作,加快运算速度。池化层的常见效果有不改变特征、降低特征维度、防止模型超拟合,学术界对池化层的研究越来越多[103]。池化层一般与卷积层组合使用,紧跟在卷积层后面。池化操作能对卷积层产生的局部特征再一次挑选,筛选出最重要的特征信息,池化操作包含平均池化(average pooling)和最大池化(max pooling)两种。平均池化是指取一个特征区域的平均值,其作用是留住与凸显重要背景信息;最大池化是指取特征区域内的最大值,其目的是留住重要特征信息。学者在模型中常用的是最大池化。

两种池化计算流程如图 4.3 所示。图中,图像像素尺寸为 4×4,池化区域尺寸为 2×2,池化步长为 2,不填充其他元素。在进行平均池化时,即所有元素求和除以元素个数,如蓝色区域中(2+3+3+4)/4=3;而最大池化是保留池化范围内元素的最大值,如灰色区域中最大值为 5。无论经过哪种池化操作,特征图大小都会发生改变,缩小到最初的 1/4,然而池化并不能改变特征的深度。经过池化操作后,特征图维度明显降低,图像关键信息被保留,模型池化层计算量也明显降低。

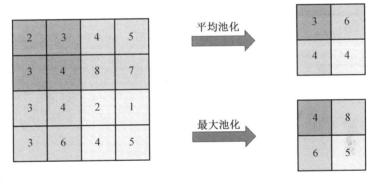

图 4.3　两种池化计算流程

4.1.3　常用激活函数

卷积神经网络灵感来自人类大脑的神经结构,模仿大脑神经的信息处理方式,并行处理接收进来的信息。卷积神经网络的核心是神经元结构,包含非常多的神经元。卷积神经网络在处理烦琐的非线性问题时,线性激活函数不能表现出很好的拟合能力,由此产生非线性激活函数[104],科研人员对其进行了大量研究。激活函数的定义是指网络层之间的函数转换关系,它的作用是添加非线性因素来提升模型的性能,同时卷积神经网络的应用范围更广,可以使用在非线性场所中。

激活函数作为一个决策功能,能够在复杂的模式下进行学习[105],卷积神经网络模型中包含许多类型的激活函数。在卷积神经网络训练的过程中,通过选择合适的激活函数能够加快训练的过程。面对一个模型不知道如何选择合适的激活函数,常用的办法是在实验中尝试,因为不同结构的激活函数会对卷积神经网络产生不一样的结果。目前,常用的激活函数有 Sigmoid、Tanh、ReLU[106]。在选择激活函数时,通常选择 ReLU 函数及其变体,因为它能够帮助卷积神经网络解决梯度消失的问题。本节对常用的激活函数的内容和功能原理进行介绍。

1. Sigmoid 函数

Sigmoid 函数表达式为

$$S(x) = \frac{1}{1+e^{-x}} \tag{4.2}$$

式中,x 和 $S(x)$ 分别为神经元的输入值和输出值;e 为常量,$e \approx 2.78$。

Sigmoid 函数是非线性的,也被称为 Logistic 函数,Logistic 函数的输出值介于 0 和 1 之间。Sigmoid 函数具有曲线平缓、求导简单和函数曲线对称的特点,曾经深受研究者们的喜爱,被大量使用在模型中。然而,Sigmoid 函数存在若干缺点,如函数计算复杂、易造成梯度丢失、不适合在网络层数多的模型中应用。

Sigmoid 函数曲线如图 4.4 所示。从图中可以看出,曲线外形像一个"S"。此外,Sigmoid 函数曲线中间陡峭部分属于敏感区域,对信号作用强;两边的曲线比较平滑为不敏感区,对信号几乎没有作用。

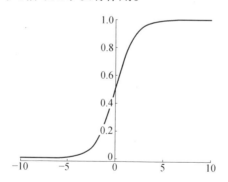

图 4.4　Sigmoid 函数曲线

2. Tanh 函数

Tanh 函数是对 Sigmoid 函数的升级优化,或者说是一种变体。两种函数唯一不同的是输出值域范围不一致,Tanh 函数值域为 -1 ~ +1,范围更广。Tanh 函数表达式为

$$T(x) = \frac{e^x - e^{-x}}{e^x + e^{-x}} \tag{4.3}$$

式中,输入值 x 为任意值;e 为常量,$e \approx 2.78$。

Tanh 函数和 Sigmoid 函数有共同的缺点,在训练过程中都会出现梯度消失的问题,因此 Tanh 函数具有很大的限制性。

Tanh 函数曲线如图 4.5 所示。与 Sigmoid 函数曲线一样,两侧曲线斜率小,权重更新慢;中间曲线斜率非常大,权重更新快。

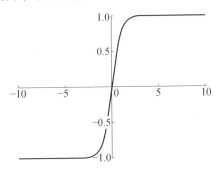

图 4.5　Tanh 函数曲线

3. ReLU 函数

与 Tanh 函数和 Sigmoid 函数相比,ReLU 函数是完全线性的,并且计算效率高,因此 ReLU 函数成为当前人工智能领域的主流激活函数。ReLU 函数解决了深度学习领域的许多问题,促进其发展。ReLU 函数作为线性函数的代表之一,具有运算简单且成本小、不会出现梯度消失的优点。另外,从某种意义上来说,ReLU 函数抑制模型出现过拟合,因此 ReLU 函数被广泛应用在深度学习模型中,并将其作为首选。此外,近几年 ReLU 函数出现几种变体,如 Leaky ReLU、PReLU、RReLU。ReLU 函数表达式为

$$f(x) = \begin{cases} 0 & (x \leqslant 0) \\ x & (x > 0) \end{cases} \tag{4.4}$$

由式(4.4)可知,输入 x 对应关系为 $f(x)$,ReLU 函数由两部分组成。其中,当输入 x 大于 0 时,输出 $f(x) = x$,此时函数计算效率高且无饱和;当输入 x 不大于 0 时,输出 $f(x)$ 恒等于 0,函数失效,不发挥作用。ReLU 函数曲线如图 4.6 所示。

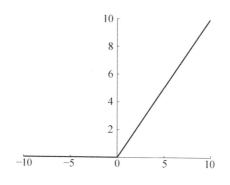

图 4.6 ReLU 函数曲线

4.1.4 全连接层

卷积神经网络结构的最后层是全连接层,与经典的多层感知机一样,全连接层通过全局操作的方式,在网络的末端完成分类任务。在经过卷积对局部特征提取之后,全连接层通过权值矩阵把卷积层提取的局部特征融合成完整的图像,用于分类。本质上,通过卷积实现全连接层,但其并不会捕捉特征。全连接层的目的是整合前面各网络层提取输出的信息,输出的是一维向量,对应分类标签和信息的相关关系。

在卷积网络模型的设计过程中往往采用多个全连接层的设计,这样能够很好地解决非线性的问题,图 4.7 所示为全连接层的基本结构。全连接层参数量大约为模型所有参数量的 80%,模型运行时间长,因为所有神经元互相连接。为了减少参数量,研究者们使用全局平均池化替换了全连接层结构。

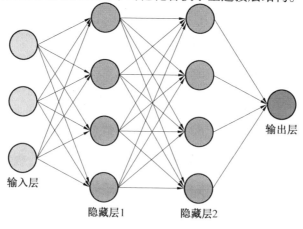

图 4.7 全连接层的基本结构

全连接层的最终输出通过 Softmax 函数处理来达到分类的目的，Softmax 函数表达式为

$$\mathrm{Softmax}(c_j) = \frac{e^{c_j}}{\sum\limits_n^N e^{c_N}} \qquad (4.5)$$

式中，c_j 为节点 j 的输出大小；输出节点有 N 个，即总类别数量。

Softmax 的输出值是每个类别的概率，范围是（0，1]，所有概率相加的和等于 1。

4.1.5 随机失活

机器学习中大型网络常见的缺陷是过拟合[107]，最早研究者提出防止过拟合的方法，即训练几个网络，之后把它们合并，这样又出现一个明显缺陷，全部训练完成时间长且浪费了大量时间。模型易过拟合和训练耗时长两个共性缺陷给研究者造成很大的困扰。为了解决大型模型训练数据量少的数据集时出现这些问题，随机失活方法被提出[108]。随机失活的定义是当网络模型在训练时，依照设定的比例使部分神经元节点随机失效。全连接层经常使用随机失活，最初的目的是抑制模型过拟合，后来，人们发现利用随机失活还能够提高模型的泛化性能和鲁棒性。

随机失活原理过程如图 4.8 所示，4.8(a) 代表没有使用随机失活，或者说是失活率为零，4.8(b) 表示使用随机失活。其中，没有与前后神经元连接的就是训练时失活的神经元，如果设置 dropout_rate=0.5，即代表以 50% 的概率失活神经元。大量实验充分验证了随机失活能防止模型过拟合，提升模型性能。

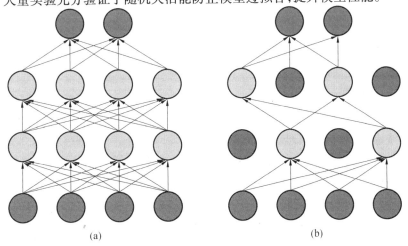
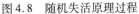

图 4.8 随机失活原理过程

4.1.6 学习范式

1. 监督学习

卷积神经网络在监督学习(supervised learning)中使用反向传播(back propagation,BP)框架进行学习,其计算流程在1989年就已经确定,是最早在BP框架进行学习的深度算法之一。卷积神经网络中的BP分为三部分,即全连接层与卷积核的反向传播和池化层的反向通路(backward pass)。

若卷积核的前向传播使用卷积计算,则反向传播也对卷积核翻转以进行卷积运算。常见的卷积神经网络的误差函数有Softmax损失函数(Softmax loss)、铰链损失函数(hinge loss)和三重损失函数(triplet loss)等。

池化层在反向传播中没有参数更新,因此只需要根据池化方法将误差分配到特征图的合适位置即可。对于极大池化,所有误差会被赋予到极大值所在位置;对于平均池化,误差会被平均分配到整个池化区域。

卷积神经网络通常使用BP框架内的随机梯度下降(stochastic gradient descent,SGD)及其变体,如Adam(adaptive moment estimation)算法。SGD在每次迭代中随机选择样本计算梯度,在样本充足的情况下有利于信息筛选,在迭代初期能快速收敛,并且计算复杂度更小。

2. 非监督学习

卷积神经网络最初是面向监督学习问题设计的,但其也发展出非监督学习(unsupervised learning)算法,包括卷积自编码器、卷积受限玻尔兹曼机(convolutional restricted boltzmann machine,CRBM)、卷积深度置信网络(convolutional deep belief network,CDBN)和深度卷积生成对抗网络(deep convolutional generative adversarial network,DCGAN),这些算法可以视为在非监督学习算法的原始版本中引入卷积神经网络构建的混合算法。

CAE的构建逻辑与传统自编码器类似,首先使用卷积层和池化层建立常规的卷积神经网络,将建立的卷积神经网络作为编码器,随后使用反卷积和向上池化作为解码器,对样本编码前后的误差进行学习,并输出编码器的编码结果实现对样本的维度消减(dimentionality reduction)和聚类(clustering)。在图像识别问题,例如在MNIST中,CAE与其编码器同样结构的卷积神经网络在大样本中表现相当,但在小样本中CAE具有更好的识别效果。

CRBM是以卷积层作为隐藏层的受限玻尔兹曼机(restricted boltzmann machine,RBM),在传统RBN的基础上将隐藏层分为多个组(group),每个组包含一个卷积核,卷积核参数由该组对应的所有二元节点共享。CDBN 是以 CRBM 作为构建进行堆叠得到的阶层式生成模型,为在结构中提取高阶特征,CDBN 加入概率极大池化层(probabilistic max-pooling layer)及其对应的能量函数。CRBM 和 CDBM 使用逐层贪婪算法(greedy layer-wise training)进行学习,并使用稀疏正则化(sparsity regularization)技术。在 Caltech-101 数据的物体识别实验中,一个两层(具有 24 个和 100 个特征图)CDBN 识别准确率持平或超过了许多使用高级特征的分类和聚类算法。

DCGAN 从一组概率分布,即在潜空间(latent space)中随机采样,并将信号输入一组由转置卷积核组成的生成器;生成器生成图像后输入由卷积神经网络构成的判别模型,判别模型判断生成图像是否是真实的学习样本。当生成器能够使判别模型无法判断其生成图像与学习样本的区别时学习结束。研究表明,DCGAN 能够在图像处理问题中提取输入图像的高阶层表征,在 CIFAR-10 数据的物体识别实验中,对 DCGAN 判别模型的特征进行处理后,将其作为其他算法的输入,能以很高的准确率对图像进行分类。

4.1.7　网络优化

1. 正则化

神经网络中的各类正则化(regularization)方法都可以用于卷积神经网络,以防止过拟合,常见的正则化方法包括 L_p 正则化(L_p-norm regularization)、空间随机失活(spatial dropout)和随机连接失活(dropout connect)。

卷积神经网络中的空间随机失活是前馈神经网络中随机连接失活理论的推广。在全连接网络的学习中,随机失活会随机将神经元的输出归零,空间随机失活在迭代中会随机选取特征图的通道使其归零,而随机连接失活直接作用于卷积核,在迭代中使卷积核的部分权重归零。研究表明,空间随机失活和随机连接失活都提升了卷积神经网络的泛化能力,在学习样本不足时有利于提升学习表现。

2. 分批归一化

数据的标准化是卷积神经网络输入管道预处理的常见步骤,但在深度卷积神经网络中,随着输入数据在隐藏层内的逐级传递,其均值和标准差会发生改变,产生协变移(covariate shift)现象。协变漂移被认为是深度卷积神经网络发生梯度消失的原因之一。分批归一化(batch normalization, BN)以引入额外学习参数为代价部分解决了此类问题,其策略是在隐藏层中首先将特征标准化,其次使用两个线性参数将标准化的特征放大作为新的输入,卷积神经网络会在学习过程中更新 BN 参数。卷积神经网络中的 BN 参数与卷积核参数具有相同的性质,即特征图中同一个通道的像素共享一组 BN 参数。此外,使用 BN 时卷积层不需要偏差项,其功能由 BN 参数代替。

3. 跳跃连接

跳跃连接(skip connection)或短路连接(shortcut connection)的概念可以追溯到循环神经网络(recurrent neural network, RNN)中的跳跃连接和各类门控算法,被用于缓解深度卷积神经网络中梯度消失的问题。卷积神经网络中的跳跃连接可以跨越任意数量的隐藏层,这里以相邻隐藏层间的跳跃进行说明。

包含跳跃连接的多个卷积层的组合被称为残差块(residual block),残差块是一些卷积神经网络算法,如 ResNet 的构筑单元。

4. 通用加速技术

卷积神经网络可以使用与其他深度学习算法类似的加速技术提升运行效率,包括量化(quantization)、迁移学习(transfer learning)等。

量化即在计算中使用低数值准确率提升计算速度,该技术在一些深度算法中得到尝试。对于卷积神经网络,一个极端的例子是 XNOR-Net,即仅由同或门(XNOR gate)搭建的卷积神经网络。

迁移学习一般的策略是将非标签数据迁移至标签数据以提升卷积神经网络的表现,迁移学习通常通过在标签数据下完成学习的卷积核权重初始化新的卷积神经网络,对非标签数据进行迁移,或应用于其他标签数据以缩短学习过程。

5. 傅里叶变换的卷积

卷积神经网络的卷积和池化计算都可以通过傅里叶变换(fost fourier transform, FFT)至频率域内进行,此时卷积核权重与 BP 算法中梯度的 FFT 能够被重复利用,逆 FFT 只需在输出结果时使用,降低计算复杂度。此外,FFT 作为应用较广泛的科学和工程数值计算方法,一些数值计算工具包含了图形处理器(graphics processing unit, GPU)设备的 FFT,能提供进一步加速。FFT 卷积在处理小尺寸的卷积核时可使用 Winograd 算法降低内存开销。

6. 权重稀疏化

在卷积神经网络中对权重进行稀疏化,能够减少卷积核的冗余,降低计算复杂度,使用权重稀疏化的构筑被称为稀疏卷积神经网络(sparse convolutional neural network)。在学习 ImageNet 数据的过程中,一个以 90% 权重稀疏在稀疏化的卷积神经网络的运行速度是同结构传统卷积神经网络运行速度的 2 ~ 10 倍,而输出的分类准确率仅损失 2%。

4.2　典型的 CNN 模型

4.2.1　AlexNet

AlexNet 是 2012 年 ILSVRC 2012 (ImageNet Large Scale Visual Recognition Challenge 2012) 竞赛的冠军网络,分类准确率由传统的 70% 提升到 84.7%。AlexNet 是由 Hinton 和他的学生 Alex Krizhevsky 设计的,之后深度学习开始迅速发展。AlexNet 共有 8 层结构,前 5 层为卷积层,后 3 层为全连接层,如图 4.9 所示。

1. AlexNet 结构的特点

(1) AlexNet 在激活函数上选取了非线性非饱和的 ReLU 函数,在训练阶段梯度衰减快慢方面,ReLU 函数比传统卷积神经网络选取的非线性饱和函数(如 Sigmoid 函数、Tanh 函数)快许多。

(2) AlexNet 在双 GPU 上运行,每个 GPU 负责一半网络的运算。

(3)采用局部响应归一化(local response normalization,LRN)。对于非饱和函数 ReLU,不需要对其输入进行标准化,但在 ReLU 后加入 LRN 层可形成某种形式的横向抑制,从而提高网络的泛化能力。

(4)池化方式采用重叠池化,即池化窗口的大小大于步长,使得每次池化都有重叠的部分。这种重叠的池化方式比传统无重叠的池化方式效果更好,并且可以避免发生过拟合。

2. AlexNet 的 8 层结构

(1)第 1 层卷积层。输入的图像尺寸为 224×224×3,为了便于后续处理,将输入图片尺寸改为 227×227×3。第 1 个卷积层尺寸为 11×11×3,即卷积核尺寸为 11×11,有 96 个卷积核,步长为 4,卷积层后是 ReLU 函数,因此输出的尺寸为 (227−11)/4+1 = 55,其输出的每个特征图尺寸为 55×55×96,同时后面经过 LRN 层处理,尺寸不变。

最大池化层。池化核尺寸为 3×3,步长为 2,输出的尺寸为 (55−3)/2+1 = 27,因此特征图的尺寸为 27×27×96。由于双 GPU 处理,因此每组数据有 27×27×48

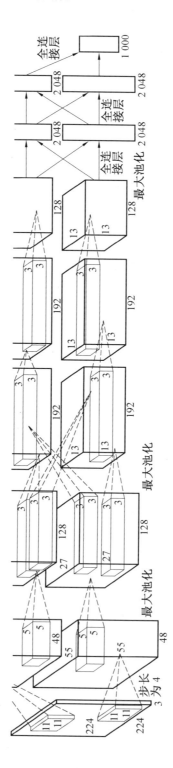

图4.9 AlexNet的结构

个特征图,共2组数据,分别在2个GPU中进行运算。

(2)第2层卷积层。每组输入的数据尺寸为27×27×48,共2组数据,每组数据被128个卷积核(卷积核尺寸为5×5×48)进行卷积运算,步长为1,尺寸不会改变。卷积层后是ReLU函数,经过LRN层处理。

最大池化层。池化核尺寸为3×3,步长为2,因此输出2组尺寸为13×13×128的特征图。

(3)第3~5层卷积层。输入的数据尺寸为13×13×128,共2组数据,每组数据都被卷积核(卷积核尺寸为3×3×192)进行卷积运算,步长为1。卷积层后是ReLU函数,得到2组尺寸为13×13×192的像素层。第4层经过填充(填充=1)后,每组数据都被卷积核(卷积核尺寸为3×3×192)进行卷积运算,步长为1,卷积层后是ReLU函数,输出2组尺寸为13×13×192的像素层。第5层经过填充(填充=1)后,每组数据都被卷积核(卷积核尺寸为3×3×128)进行卷积运算,步长为1,卷积层后是ReLU函数,输出2组尺寸为13×13×128的像素层。经过尺寸为3×3池化窗口,步长为2,池化后输出两组尺寸为6×6×256的像素层。

(4)第6~8层全连接层。这3层为全连接层,第6层有4 096个神经元+ReLU函数。第7层有4 096个神经元 + ReLU函数。第8层有1 000个神经元,第8层输出Softmax为1 000类的概率值。

4.2.2　VGG

VGG是牛津大学计算机视觉组(Visual Geometry Group)和谷歌DeepMind一起研究的深度卷积神经网络。VGG是一种被广泛使用的卷积神经网络结构,在2014年的ImageNet图像识别挑战赛(ILSVRC-2014)中获得了亚军。

通常VGG是指VGG-16(13层卷积层+3层全连接层)。由于其规律的设计、简洁可堆叠的卷积块,并且在其他数据集上有很好的表现,因此被人们广泛使用。与AlexNet相比,VGG深度更深,参数更多(1.38亿),效果和可移植性更好。

VGG有6种不同结构,以VGG-16(即图4.10中D列)为例,如图4.10所示。VGG-16的结构如图4.11所示。从图4.11中可以看到,整个网络有5个VGG块,与5个最大池化层逐个相连,然后进入全连接层,直到最后1 000路归一化指数函数输出。

1. VGG的特点

(1)VGG块内的卷积层都是同结构的,即输入尺寸和输出尺寸一样,并且卷

卷积网络结构配制					
A	A-LRN	B	C	D	E
11 权重层	11 权重层	13 权重层	16权重层	16 权重层	19 权重层
输入(224×224 RGB 图像)					
conv-364	conv3-64 LRN	conv3-64 conv3-64	conv3-64 conv3-64	conv3-64 conv3-64	conv3-64 conv3-64
最大池化					
conv3-128	conv3-128	conv3-128 conv3-128	conv3-128 conv3-128	conv3-128 conv3-128	conv3-128 conv3-128
最大池化					
conv3-256 conv3-256	conv3-256 conv3-256	conv3-256 conv3-256	conv3-256 conv3-256 conv1-256	conv3-256 conv3-256 conv3-256	conv3-256 conv3-256 conv3-256 conv3-256
最大池化					
conv3-512 conv3-512	conv3-512 conv3-512	conv3-512 conv3-512	conv3-512 conv3-512 conv1-512	conv3-512 conv3-512 conv3-512	conv3-512 conv3-512 conv3-512 conv3-512
最大池化					
conv3-512 conv3-512	conv3-512 conv3-512	conv3-512 conv3-512	conv3-512 conv3-512 conv1-512	conv3-512 conv3-512 conv3-512	conv3-512 conv3-512 conv3-512 conv3-512
最大池化					
全连接层：4 096个神经元					
全连接层：4 096个神经元					
全连接层：1 000个神经元					
Softmax					

图 4.10　VGG 的结构

积层可以堆叠复用,这是通过统一的尺寸为 3×3 的卷积核+步长为 1+边缘填充(same)实现。图 4.12 所示为 VGG-16 中一个单元的示意图,即 VGG-16 中的一个 VGG 块。

(2)最大池化层将前一层(VGG 块层)的特征缩减一半,使 VGG 块尺寸缩减得很规整,从 224 缩减到 112,再缩减到 56、28、14、7,这是通过尺寸为 2×2 的池化窗口、步长为 2 的设置实现。

(3)参数量较大的网络层数使训练得到的模型分类效果优秀,但较大的参数对训练和模型保存提出了更大的资源要求。

(4)较小的卷积核,这里全局的卷积核尺寸都为 3×3,相比以前的网络模型尺寸足够小。

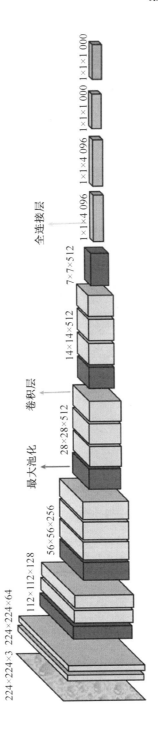

图4.11　VGG-16的结构

```
conv3-256
conv3-256
conv3-256
```

图 4.12　VGG 块

2. 数据增强方面

在 VGG 中,数据增强使用的是多尺度技术,这里的多尺度技术主要是将图像放大到随机大小,再裁剪到尺寸为 224×224 的图像。

3. VGG-16 层的设计

多种 VGG 设计都很统一,都有相同的尺寸为 224×224×3 的输入层+5 个最大池化层+3 个全连接层,区别在于中间的 VGG 块的设计不同。本节以 VGG-16 为例展示具体的层设计:块和块之间通过最大池化的步长为 2,池化尺寸为 2 进行减半池化;为保持卷积层间的形状一致,块内部卷积核统一尺寸为 3×3。

(1)第 1 层输入层。输入尺寸为 224×224×3 三通道的图像。

(2)第 2 层 VGG 块层。输入尺寸为 224×224×3,经过 64 个 3×3×3 的卷积核卷积,步长=1,保持相同填充卷积后得到尺寸为 224×224×64 的块层(指由 conv 构成的 VGG 块)。

(3)第 3 层最大池化层。输入尺寸为 224×224×64,经过池化尺寸=2、步长=2 的减半池化后得到尺寸为 112×112×64 的池化层。

(4)第 4 层 VGG 块层。输入尺寸为 112×112×64,经过 128 个 3×3×64 的卷积核卷积,得到尺寸为 112×112×128 的块层。

(5)第 5 层最大池化层。输入尺寸为 112×112×128,经过池化尺寸=2、步长=2 减半池化后得到尺寸为 56×56×128 的池化层。

(6)第 6 层 VGG 块层。输入尺寸为 56×56×128,经过 256 个 3×3×128 的卷积核卷积,得到尺寸为 56×56×256 的块层。

(7)第 7 层最大池化层。输入尺寸为 56×56×256,经过池化尺寸=2、步长=2 减半池化后得到尺寸为 28×28×256 的池化层。

(8)第 8 层 VGG 块层。输入尺寸为 28×28×256,经过 512 个 3×3×256 的卷积核卷积,得到尺寸为 28×28×512 的块层。

(9)第 9 层最大池化层。输入尺寸为 28×28×512,经过池化尺寸=2、步长=2 减半池化后得到尺寸为 14×14×512 的池化层。

(10)第 10 层 VGG 块层。输入尺寸为 14×14×512,经过 512 个 3×3×512 的

卷积核卷积,得到尺寸为 14×14×512 的块层。

(11)第 11 层最大池化层。输入尺寸为 14×14×512,经池化尺寸=2、步长=2 减半池化后得到尺寸为 7×7×512 的池化层。该层后面隐藏了展平操作,通过展平得到 7×7×512=25 088 个参数后,与之后的全连接层相连。

(12)第 12~14 层全连接层。第 12~14 层神经元个数分别为 4 096、4 096、1 000。其中前两层在使用 ReLU 后还使用随机失活,最后一层全连接层用 Softmax 输出 1 000 个分类。

(13)全连接层。除最后一层外的全连接层都使用了 50% 的随机失活。

本节的主要思想是,通过堆叠 2 个 3×3 的卷积来替代 1 个 5×5 的卷积,它们的感受野也是相同的。通过堆叠 3 个 3×3 的卷积来替代 1 个 7×7 的卷积,它们的感受野也是相同的。

4.2.3　GoogLeNet

GoogLeNet 由谷歌团队于 2014 年提出,需要从网络深度和网络宽度方面增加网络的复杂度,从而获得更好的预测效果,但这个思路有两个明显问题。首先,更复杂的网络意味着更多的参数,也很容易出现过拟合;其次,更复杂的网络会消耗更多的计算资源,并且卷积核个数设计不合理,导致卷积核中参数没有被完全利用,会造成大量计算资源的浪费。因此 GoogLeNet 在专注加深网络结构的同时,引入新的基本结构(Inception 模块)以增加网络宽度。GoogLeNet 一共有 22 层,没有全连接层,在 2014 年的 ImageNet 图像识别挑战赛中获得了冠军。

2012 年,AlexNet 在 ImageNet 图像分类竞赛中获得了冠军,这也使得深度学习与卷积神经网络开始快速发展。在 2014 年的 ImageNet 图像识别挑战赛中,GoogLeNet 取得第一名的成绩,与 AlexNet 相比,GoogLeNet 参数大大减少。GoogLeNet 的成功主要得益于 Inception 模块,整个 GoogLeNet 的主体结构可以看成多个 Inception 模块堆叠而成。

在 GoogLeNet 之前的卷积神经网络基本是由多个卷积层与池化层堆积而成,然后接入一个或者多个全连接层来预测输出。在卷积神经网络中,在全连接层之前的卷积层和池化层的目的是提取各种图像特征,这些图像特征为适应全连接层的输入都会拉成一维向量,这就导致网络模型参数主要集中在全连接层,因此,在全连接层通常会使用随机失活来降低过拟合的风险。

池化层主要分为平均池化层和最大池化层。平均池化层主要保留图像的背景信息,最大池化层则保留图像的纹理信息。池化层的主要目的是减少特征和网络参数,在 GoogLeNet 之前通常使用最大池化层,但最大池化层可能导致空间信息的损失,降低模型的表达能力。为了解决这个问题,Lin 等在 2013 年提出了 Inception 模块。Inception 模块主要在卷积神经网络中添加一个额外的 1×1 卷积层,使用 ReLU 作为激活函数,其主要作用是在不牺牲网络模型性能的前提下,实现网络特征的降维、大大减少计算量,这有利用训练更深、更广的网络。

首先,对原始的 Inception 模块结构进行详细叙述。原始 Inception 模块结构的主要思路是用密集成分来近似最优的局部稀疏结构。原始 Inception 模块结构如图 4.13 所示。

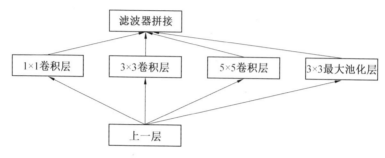

图 4.13　原始 Inception 模块结构

从图 4.13 中可以看出,原始 Inception 模块结构采用 1×1、3×3 和 5×5 三种卷积核组成的卷积层并行提取特征,这可以加大网络模型的宽度,不同大小的卷积核意味着原始 Inception 模块结构可以获取不同大小的感受野,图 4.13 中的滤波器拼接就是将不同尺度特征进行深度融合。在原始 Inception 模块结构中采用不同大小的卷积核主要是为了方便对齐。设定卷积步长为 1,只要分别设定填充为 0、1、2,卷积之后便可以得到相同维度的特征,然后这些特征就可以直接进行深度融合。

在原始 Inception 模块结构里加入最大池化层来降低网络模型参数。重要的是,GoogLeNet 越到后面,特征越抽象,而且每个特征涉及的感受野更大,因此随着层数的增加,GoogLeNet 中 3×3 和 5×5 卷积核的比例也增加,但原始 Inception 模块结构中 5×5 卷积核仍然会带来巨大的计算量。为了降低 5×5 卷积核带来的计算量,GoogLeNet 借鉴了 NIN 的思想,即使用 1×1 卷积层与 5×5 卷积层相结合来实现参数降维。

实现 1×1 卷积层与 5×5 卷积层的参数降维,假如上一层的输出为 100×100×128,经过输出为 256×256×256 的 5×5 卷积层之后(步长为 1,池化为 2),输出数据为 100×100×256。其中,卷积层的参数为 128×5×5×256。此时如果上一层先经过输出为 32×32×32 的 1×1 卷积层,再经过输出为 256×256×256 的 5×5 卷积层,那么最终的输出数据仍为 100×100×256,但卷积参数量已经减少为 128×1×1×32+32×5×5×256=208 896,相比之下参数减少至原参数的 1/4 左右。因此在 3×3 和 5×5 卷积层之前加入合适的 1×1 卷积层可以在一定程度上减少模型参数,在 GoogLeNet 中基础 Inception 模块做出了相应的改进,改进后的 Inception 模块结构如图 4.14 所示。

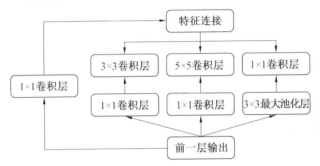

图 4.14　改进后的 Inception 模块结构

GoogLeNet 主体结构是利用改进后的 Inception 模块结构堆积而成的 22 层卷积神经网络,同时 GoogLeNet 在全连接层之前采用了平均池化层来降低特征,该想法来自 NIN,事实证明可以将第一类精确率提高 0.6%。此外,GoogLeNet 结构较深,如果梯度从最后一层传递到第一层,可能会出现梯度消失的情况,为了避免梯度消失,GoogLeNet 额外增加了两个辅助的 Softmax 函数用于向前传导梯度。

4.2.4　残差网络

在深度学习中,两个严重影响模型效果的问题是梯度消失和梯度下降。这两个问题的出现与深度学习的根本机制(反向传播损失函数梯度)有关。在很长的一段时间内,人们认为超过 100 层的网络是不可训练的,然而残差网络(ResNet)的出现改变了这一切。

残差网络由 Kaiming He 等于 2015 年提出。残差网络要解决的是深度卷积神经网络的退化(degradation)问题,即使用浅层直接堆叠成深度卷积神经网络,不仅难以利用深度卷积神经网络强大的特征提取能力,而且准确率会下降,这个退化不是由过拟合引起的。残差网络由残差块构建,如图 4.15 所示。残差网络提出了两种映射:恒等映射(identity mapping)是指右侧标有 x 的曲线;残差映射(residual mapping)是指 $F(x)$ 部分。残差网络输出是 $F(x)+x$,$F(x)+x$ 可通过具有残差连接的前馈神经网络来实现,残差连接是跳过一层或多层的连接。如果残差网络已经达到最优,继续加深网络,残差映射将变为0,只剩下恒等映射,这样理论上残差网络会一直处于最优状态,其性能也就不会随着深度增加而降低。通过设计短路机制,残差网络可以让梯度更好地在网络层之间传播,从而使训练500多层的超深神经网络成为可能。相似的机制启发了一大批拥有残差连接的神经网络,如在医学图像处理领域常见的U-Net和Dense Net。

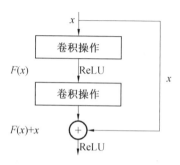

图 4.15　残差网络

深度残差网络是指运用短路连接的一种神经网络形式。深度残差网络本身并没有一个固定的结构与参数,这使得它非常灵活,可以有效地插入其他模型而提高模型表现。与图 4.15 一样,深度残差网络本质上是通过在卷积层之间插入短路连接来达到传播梯度的效果。

短路连接在越过卷积层后会直接与卷积层的输出结果进行对位相加(pointwise addition)。当反向传播执行时,一半的梯度会通过短路连接直接被传导到靠后的卷积层,另一半则会加上被短路连接越过的两个卷积层的参数梯度后再传播到靠后的卷积层。通过重复叠加这样的残差网络块得到了深度残差网络。

4.2.5　轻量级 CNN

早期的卷积神经网络很少考虑参数量和计算量的问题,由此轻量级卷积神经网络诞生,其旨在保持模型准确率的基础上进一步减少模型参数量和复杂度。本节对主要的轻量级卷积神经网络进行简述,让读者对轻量级卷积神经网络的发展历程和种类有更清晰的了解。

轻量级卷积神经网络的核心是在保持准确率的前提下,从体积和速度两方面对卷积神经网络进行轻量化改造,本节主要涉及 SqueezeNet 系列、ShuffleNet 系列和 MobileNet 系列等。

1. SqueezeNet 系列

近些年来深度卷积神经网络的主要方向集中于提高其准确率。而对于相同的正确率,更小的卷积神经网络结构可以提供如下优势。

(1)在分布式训练中,对服务器通信需求更小。

(2)参数更少,从云端下载模型所需的数据量少。

(3)更适合在 FPGA 等内存受限的设备上部署。

SqueezeNet 具有以上优点,同时在 ImageNet 上实现了与 AlexNet 相同的准确率,但只使用了 AlexNet 1/50 的参数。更进一步,SqueezeNet 使用模型压缩技术,可以将 SqueezeNet 参数量压缩到 0.5 百万,这是 AlexNet 参数量的 1/510。

SqueezeNet 的设计思想是使用 1×1 卷积层来替代部分的 3×3 卷积层,可以将参数减少为原来的 1/9;通过压缩层减少输入通道的数量,也能减少参数量;将下采样操作延后,可以给卷积层提供更大的特征图,更大的特征图保留了更多的信息,从而获得更高的分类准确率。

Fire 模块是 SqueezeNet 中的基础构建模块,Fire 模块如图 4.16 所示。

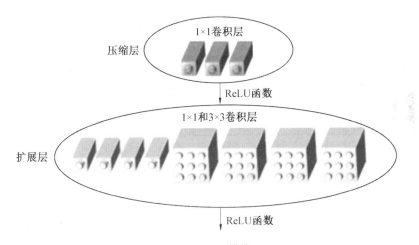

图 4.16　Fire 模块

图中,压缩层只使用 1×1 卷积核;扩展层使用 1×1 和 3×3 卷积核的组合。另外,Fire 模块有三个可调的超参数:$s_{1\times1}$(压缩层中 1×1 卷积核的个数)、$e_{1\times1}$(扩展层中 1×1 卷积核的个数)、$e_{3\times3}$(扩展层中 3×3 卷积核的个数)。使用 Fire 模块的过程中,令 $s_{1\times1} < e_{1\times1} + e_{3\times3}$,这样压缩层可以限制输入通道数量。

SqueezeNet 从卷积层 conv1 开始,接着使用八个 Fire 模块,最后以卷积层 conv10 结束。每个 Fire 模块中的卷积核数量逐渐增加,并且在 conv1、Fire4、Fire8

和 conv10 之后使用步长为 2 的最大池化,即将池化层放在相对靠后的位置。另外,该网络还具有其他设计特性。其中,为使 1×1 和 3×3 卷积核输出的特征图尺寸相同,在扩展模块中,在 3×3 卷积核的原始添加一个像素的边界(zero-padding);压缩层和扩展层都是用 ReLU 作为激活函数;在 Fire9 模块之后,使用随机失活,比例取 50%;SqueezeNet 中没有全连接层,这借鉴了 NIN 的思想;训练过程中,初始学习率设置为 0.04,在训练过程中线性衰减学习率。

2. ShuffleNet 系列

ShuffleNet 是一种计算高效的卷积神经网络模型,与 MobileNet 和 SqueezeNet 一样,它主要是应用在移动端,因此 ShuffleNet 的设计目标是如何利用有限的计算资源来达到最好的模型准确率,这需要在速度与准确率之间平衡。ShuffleNet 的核心是采用了逐点组卷积和通道打乱两种操作,这在保持准确率的同时大大降低了模型的计算量。目前移动端卷积神经网络模型设计思路主要是模型结构设计和模型压缩两个方面。ShuffleNet 和 MobileNet 设计思路属于模型结构设计,都是通过设计更高效的网络结构来实现模型变小和变快,而不是对一个训练好的大模型做压缩或者迁移。

ShuffleNet 的核心设计理念是对不同的通道进行混洗(shuffle),从而解决组卷积带来的弊端。组卷积是将输入层的不同特征图进行分组,采用不同的卷积核再对各个组进行卷积,这样会降低卷积的计算量,因为一般是在输入特征图上进行卷积,即全通道卷积,这是一种通道密集连接方式(channel dense connection),而组卷积则是一种通道稀疏连接方式(channel sparse connection),使用组卷积的网络有 Xception、MobileNet、ResNeXt 等。Xception 和 MobileNet 采用了深度卷积,这是一种比较特殊的组卷积,因为分组数恰好等于通道数,意味着每个组只有一个特征图,但这些网络存在一个很大的弊端是采用了密集的 1×1 卷积层,或者说是密集逐点卷积,这里讲的密集是指卷积在所有通道上进行的。实际上 ResNeXt 模型中 1×1 卷积层基本占据了 93.4% 的乘加运算,不如对 1×1 卷积层采用通道稀疏连接方式,这样计算量就可以降下来。组卷积存在另外一个弊端,如图 4.17(a)所示,分组数为 3。从图中可以看到,当连续堆叠多个 GConv 层的问题是不同组之间的特征图是不通信的,就好像分了三个互不相干的路,这会降低网络的特征提取能力,这就理解为什么 Xception、MobileNet 等网络采用密集的 1×1 卷积层,因为要保证组卷积之后不同组的特征图之间的信息交流。如果想达到上述目的,不一定非要采用密集逐点卷积。如图 4.17(b)所示,可以对组卷积之后的特征图进行重组,就可以保证接下来采用的组卷积输入来自不同的组,因此信息可以在不同组之间流转。这个操作等价于图 4.17(c),即组卷积之后对通道进行打乱,但并不是随机的,而是均匀地打乱。在程序上实现通道打乱非常容易:假定将输入层分为 g 组,总通道数为 $g \times n$,首先将通道维度拆分为 (g,n),然后转置变成 (n,g),最后重塑成一个维度。可以尝试这个操作,这只需要简单的维度操作和转置就可以实现均匀地打乱。利用通道打乱就可以充分发挥组卷积的优点,而避免其缺点。

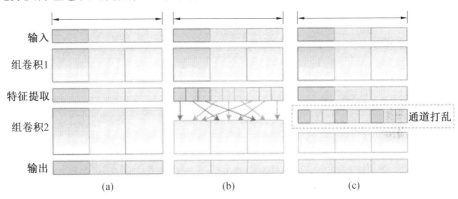

图 4.17　通道打乱后组卷积操作示意图

基于上面的设计理念,首先构造 ShuffleNet 的基本单元,如图 4.18 所示。ShuffleNet 的基本单元是在一个残差单元的基础上改进而成的。如图 4.18(a)所示,这是一个包含 3 层的残差单元:首先是 1×1 卷积层,然后是 3×3 深度卷积层(主要是为了降低计算量),这里的 3×3 深度卷积层是瓶颈层(bottleneck),紧接着是 1×1 卷积层,最后是一个短路连接,将输入直接加到输出上。之后,进行如下的改进:将密集的 1×1 卷积层替换成 1×1 组卷积层,不过在第一个 1×1 卷积层之后增加了一个通道打乱操作。值得注意的是,3×3 深度卷积层后没有增加通道打乱,对于这样一个残差单元,一个通道打乱操作足够;3×3 深度卷积层之后没有使用 ReLU 函数,改进之后如图 4.18(b)所示。对于残差单元,如果步长为 1,此时输入与输出一致可以直接相加,而当步长为 2 时,通道数增加,特征图减小,此时输入与输出不匹配。一般情况下可以采用一个 1×1 卷积层将输入映射成与输出一样的形状,但在 ShuffleNet 中采用了不一样的策略,如图 4.18(c)所示。对原输入采用步长为 2 的 3×3 平均池化层,这样得到与输出大小一样的特征图,然后将得到特征图与输出进行拼接,而不是相加,目的是降低计算量和参数大小。

从改进的 ShuffleNet 基本单元可知使用的是普通的 3×3 深度卷积层和最大池化层。ShuffleNet 分为三个阶段,每个阶段都是重复堆积了几个 ShuffleNet 的

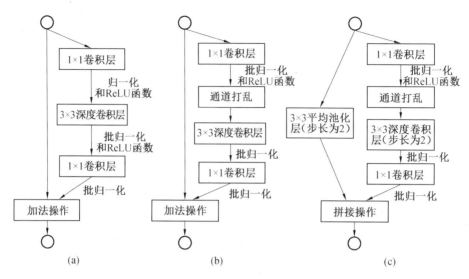

图 4.18　ShuffleNet 的基本单元

基本单元。第一个基本单元采用的是步长为2,这样特征图高度和宽度各降低一半,而通道数增加一倍,后面的基本单元采用的都是步长为1,特征图和通道数保持不变。对于基本单元来说,瓶颈层(3×3 深度卷积层)的通道数为最终输出通道数的1/4,这与残差单元的设计理念是一样的,但对于步长为 2 的基本单元,由于原输入会贡献一部分最终输出的通道数,在计算 1/4 时到底使用最终输出的通道数,还是仅仅未连接之前的通道数。其中,g 控制了组卷积中的分组数,分组越多,在相同计算资源下可以使用更多的通道数,因此 g 越大时,采用的卷积核越多。当 $g=3$ 时,对于第一阶段的第一个基本单元,其输入通道数为 24,输出通道数为 240,但其步长为 2,那么由于原输入通过平均池化可以贡献 24 个通道,相当于左支只需要产生 $240-24=216$ 通道,中间瓶颈层的通道数就为 $216/4=54$,可以以此类推。当完成 3 个阶段后,采用全局池化将特征图大小降为 1×1,最后是输出类别预测值的全连接层。

3. MobileNet 系列

　　MobileNet 是谷歌针对手机等嵌入式设备提出的一种轻量级的深度卷积神经网络,其使用的核心思想是深度可分离卷积(deepthwise separable convolution),深度可分离卷积由深度卷积(deepthwise,DW)和逐点卷积(pointwise,PW)结合,用来提取特征映射。相比常规的卷积操作,深度可分离卷积参数量和运算成本低,其轻量表现在使用深度可分离卷积的方式大量减少了模型参数。

　　在传统卷积中,每个卷积核的通道数与输入特征矩阵的通道数相等(每个卷积核都与输入特征矩阵的每一个维度进行卷积运算),输出特征矩阵的通道数等于卷积核的个数。而在深度可分离卷积（depthwise Conv）中，每个卷积核的通道数都等于1（每个卷积核只负责输入特征矩阵的一个通道，卷积核的个数＝输入特征矩阵的通道数＝输出特征矩阵的通道数）。

MobileNet 的基本单元是深度可分离卷积，这种结构之前已经被使用在Inception 模块中。深度可分离卷积是一种可分解卷积操作（factorized convolutions），其可以分解为两个更小的操作，即深度卷积和逐点卷积。深度卷积和标准卷积不同，标准卷积的卷积核用在所有的输入通道（input 通道）上。而深度卷积则为每个输入通道分配一个独立的卷积核，每个卷积核仅作用于一个输入通道。因此，深度卷积是一种逐通道的操作方式。逐点卷积是普通的卷积，只不过其采用1×1 卷积核。对于堆积深度可分离卷积，首先是采用深度卷积对不同输入通道分别进行卷积，其次采用逐点卷积将上面的输出进行结合，这样整体效果与一个标准卷积差不多，但会大大减少计算量和模型参数量。

MobileNet 的结构比较简单。首先是一个 3×3 标准卷积，后面是堆积深度可分离卷积，其中的部分深度卷积会进行下采样（步长为2），然后采用平均池化将特征变成1×1，根据预测类别大小加上全连接层，最后是一个 Softmax 层。如果单独计算深度卷积和逐点卷积，整个网络有 28 层（平均池化层和 Softmax 层不计算在内）。还可以分析整个网络的参数和计算量分布，整个计算量集中在 1×1 卷积上，一般通过将输入图像局部块展开为矩阵列的方式实现卷积底层，其需要内存重组，但当卷积核为 1×1 时，就不需要这种操作，底层可以有更快的实现。参数主要集中在 1×1 卷积，除此之外，全连接层占了一部分参数。

4.3　本章小结

本章详细介绍了卷积神经网络的核心组成结构及其基本内容，本章内容是后续章节涉及的重要知识的基础，也是后续章节的关键依据。首先，回顾了卷积神经网络的发展历程，从 LeNet-5 的提出到 AlexNet 在 ImageNet 图像识别挑战赛上的成功，再介绍 VGG、GoogLeNet、ResNet 等，展示了卷积神经网络在图像识别领域的显著进展；其次，详细描述了卷积神经网络的各个组成部分，包括卷积层、池化层、全连接层和常用激活函数，分析了其在网络中的作用和功能，同时本章介绍了轻量级卷积神经网络，如 SqueezeNet、ShuffleNet 和 MobileNet，它们在保持高性能的同时显著减少了模型参数和计算量。此外，本章还探讨了卷积神经网络的学习范式和网络优化技术，为深入理解和应用卷积神经网络奠定了坚实的基础。

第 5 章

基于 CNN 的手写汉字识别模型

为了探究 CNN 对手写汉字特征提取及分类的效果,也为了解决手写汉字识别时准确率低的问题,设计出一种能够优于其他 CNN 结构的模型至关重要。本章研究以 CNN 为基础的手写汉字识别模型,研究参数对模型的影响,找出最优的模型参数,也便于找出 CNN 的优缺点,为优化 CNN 提供了实验支撑。

5.1　CNN 模型在手写汉字识别中的应用

5.1.1　数据集介绍

本节使用的是中国科学院自动化研究所提供的 CASIA-HWDB1.1 离线手写汉字数据集,见表 5.1。

表 5.1　CASIA-HWDB1.1 数据集

类别数	维度	书写者		样本数量	
		训练集	测试集	训练集	测试集
3 755	512	240	60	897 758	223 991

5.1.2　网络结构设计

1. EfficientNetV2 介绍

选择 EfficientNetV2 作为汉字识别的基础结构是由于其在轻量级和高效性方面的卓越表现。相较于传统模型,EfficientNetV2 通过结合最新的深度学习技术,如渐进式学习和自适应调整,显著提高了图像处理的速度和准确性。在面对汉字这一具有高度复杂性和多样性的图像分类任务时,这些特点尤其重要。EfficientNetV2 作为 EfficientNet 的改进和扩展,它融合了最新的深度学习技术和经验。在汉字识别任务中,EfficientNetV2 作为一个强大的基础模型,可用于学习和理解汉字的特征并进行分类识别。

EfficientNetV2 采用深度可扩展的网络结构,保持高效率,同时拥有较小的参数量和计算成本,这对于汉字识别任务至关重要,因为汉字图像往往具有复杂的结构和特征,需要一个轻量级的模型进行有效处理。

在实现中,可以通过自定义的数据加载和转换流程,特别是通过 transforms、Resize 和 transforms ColorJitter 等方法模拟 EfficientNetV2 对不同分辨率和光照条件下进行图像特征的适应和提取。这些步骤确保了模型能够有效处理各种尺度和条件下的汉字图像,提高了识别的准确性和鲁棒性,这对于汉字识别任务非常有帮助,因为汉字的形态和笔画可能具有不同的尺度和层次,需要一个能够有效捕捉这些特征的模型。

在每个网络模型中,EfficientNetV2 引入了压缩和激发(squeezo and excitation,SE)模型,用于动态调整通道间的特征重要性,有助于模型更好地理解和捕捉汉字图像中的关键特征,提高识别性能。

此外,EfficientNetV2 还引入了随机深度(stochastic depth)的概念,允许模型在训练过程中以随机的方式跳过某些层,从而减轻过拟合并提高泛化性能。这对于汉字识别任务尤其重要,因为汉字图像可能存在噪声和变化,需要一个具有良好泛化性能的模型。

最后,EfficientNetV2 采用自动缩放的方法来调整网络的宽度、深度和分辨率,以适应不同的计算资源和任务需求,使其在汉字识别任务中可以根据实际情况进行调整,从而获得更好的性能和效率。

综上所述,EfficientNetV2 作为一种高效的深度学习模型结构,通过利用其轻量级、多尺度特征提取和自适应性等特点,提高汉字识别任务中模型的性能和泛化能力。

2. EfficientNetV2 原理

EfficientNetV2 是对先进的 EfficientNet 结构进行显著改进的模型,旨在同时提升模型的训练效率和推理速度,而不牺牲模型的准确性。EfficientNetV2 的设计涵盖了结构设计的优化、创新的训练策略和模型正则化技术的应用,本节详细介绍这些关键改进点。

(1)从结构设计的角度,EfficientNetV2 引入了 Fused−MBConv 模块,该卷积块是一种融合性深度可分离的卷积块,该设计通过降低计算复杂度和参数量,实现更高的运行效率。同时,对卷积核大小和步长的调整,使 EfficientNetV2 更好地适应图像尺度变化,增强了特征提取能力。此外,SE 模块进行了自适应调整,通过优化 SE 模块的比例和集成方式进一步提升了 EfficientNetV2 性能。

(2)从训练策略的角度,EfficientNetV2 采用了渐进式学习策略,从较小的图像尺寸和模型结构开始训练,逐步提升到更大的图像尺寸和复杂度,这不仅加快了训练过程,也提高了 EfficientNetV2 的泛化能力。此外,通过在更广泛的层面上应用路径丢弃(DropPath)正则化技术,有效缓解了过拟合问题,增强了该模型的泛化性能。

(3)在模型尺度配置方面,EfficientNetV2 提供了多种预设配置(小型、中型、大型),为不同的计算资源和应用需求提供灵活选择。这些配置通过调整 EfficientNetV2 模型的宽度、深度和分辨率实现了性能与效率之间的有效平衡。

(4)EfficientNetV2 对模型的初始化和正则化技术进行了优化。在模型初始化方面,通过优化关键组件的初始化设置,确保训练的稳定性。同时,引入随机失活和批量归一化等正则化技术,进一步防止过拟合,提高 EfficientNetV2 的泛化能力。

5.1.3 基本组件和网络结构

通过 EfficientNetV2 先进的网络结构设计,在图像识别任务中取得了优秀表现,尤其是在复杂的汉字识别任务中,其设计中的两个关键组件 MBConv 模块和 Fused−MBConv 模块发挥了核心作用。

MBConv 模块是 EfficientNetV2 结构的核心,MBConv 模块采用深度可分离卷积技术,优化了模型的参数利用率和计算效率。在 EfficientNetV2 中,MBConv 模块的设计经过进一步优化,使其更适合广泛的应用场景,包括细粒度的汉字识别任务。MBConv 由扩展卷积、深度卷积和压缩卷积三部分组成。这种结构不仅增加了 EfficientNetV2 模型的容量,而且通过在每个通道上独立应用卷积,显著降低了计算成本。此外,集成的 SE 模块通过学习特征通道之间的依赖关系,提升了 EfficientNetV2 模型对关键特征的捕捉能力。

MBConv 模块的高效特征提取能力使其在处理具有复杂结构和变化的汉字图像时表现出色,特别是 SE 模块的加入,增强了 EfficientNetV2 模型对细微视觉差异的识别能力,这对于汉字识别至关重要。

Fused-MBConv 模块通过合并扩展和深度卷积步骤简化了 MBConv 模块的结构,特别适用于在模型初期阶段处理低级特征。这一设计改进减少了计算复杂度,同时保留了良好的特征提取能力,有助于提高模型的整体效率和性能。

EfficientNetV2 通过安排 MBConv 模块和 Fused-MBConv 模块实现了对不同计算预算的适应,同时优化了计算资源的分配。这一结构设计不仅提高了处理速度,还通过不同类型的模块适应了汉字图像的多尺度和复杂特征,展现了出色的性能。

1. EfficientNetV2 中的 MBConv 模块

MBConv 模块是关键的结构单元,它采用了一种基于深度可分离卷积的方法,极大地提高了计算效率,这对于处理大规模汉字集尤为重要。如图 5.1 所示,H、W 是特征图的高度、宽度,C 为特征图的通道数量。MBConv 模块首先通过 1×1 卷积层进行特征的扩展,接着应用深度可分离卷积进行空间特征的提取,并通过另一个 1×1 卷积层进行特征的压缩,以减少参数量和计算成本。此外,每个 MBConv 模块还集成了 SE 模块,它通过全局信息引导整个卷积神经网络重点关注有用的特征通道,增强了模型对于汉字中细节特征的表达能力。

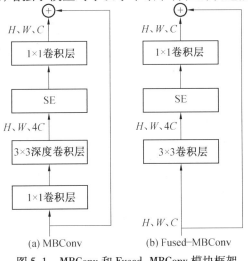

(a) MBConv　　　(b) Fused-MBConv

图 5.1　MBConv 和 Fused-MBConv 模块框架

Fused-MBConv 模块是 EfficientNetV2 引入的一个新型卷积模块,与 MBConv 模块的主要区别在于它融合了扩展和深度卷积步骤。在 Fused-MBConv 模块中,扩展和深度卷积通过单一的卷积操作完成,这减少了模型的复杂性和计算需求。Fused-MBConv 模块适用于模型的初级阶段,用于处理输入的低级特征。

MBConv 模块侧重利用倒残差结构,通过先扩展再压缩的方式提高网络的特征提取能力,同时利用深度卷积提高参数效率。通过 SE 模块增强了模型对重要特征的关注能力,提高模型的准确性。Fused-MBConv 模块则通过融合扩展和深度卷积步骤简化了计算过程,适用于处理初级特征以减少计算负担并提高效率。

构造函数中包括核大小、输入/输出通道数和扩展比率等参数。模块配置了步长和激活函数,以确保其满足特定的特征提取需求。当扩展比率设定为大于 1 时,模块会引入一个扩展卷积层,而点卷积则被用来构建特征压缩和映射。SE 模块的引入取决其比率的设定,当该值大于 0 时,模块会激活并增强特征的通道相关性。在构造 MBConv 模块的尾部,根据是否有快捷连接和丢弃率的设置,有条件地应用路径丢弃正则化,以此减轻过拟合并增进模型的泛化表现。

2. SE 模块

在 EfficientNetV2 中,SE 模块的作用是增强网络对特征通道重要性的自适应能力,从而提升模型性能。图 5.2 展示了 SE 模块的基本流程,输入特征图(feature map)首先经过平均池化层,该层对每个通道的空间维度(宽度和高度)进行平均,生成一个具有与输入特征图通道数相同的一维特征向量。这一步骤相当于对每个通道进行压缩,从而提取全局信息。

池化后的向量送入全连接层 1。这一层的神经元个数通常是输入通道数的 1/4,旨在减少参数量和计算负担,同时保留足够的容量捕捉通道之间的依赖关系。全连接层 1 使用 Swish 函数,这是一种平滑的非单调激活函数,能够增强模型的非线性拟合能力。

全连接层 1 的输出送入全连接层 2,其神经元个数等于输入特征图的通道数,目的是为每个通道生成一个激活权重。此层使用 Sigmoid 函数,输出一个在 0~1 的激活权重,这些权重用来调整原始输入特征图中每个通道的重要性。

通过对原始特征图和 Sigmoid 函数的输出进行元素乘法(element-wise multiplication),完成对特征图的重标定。这一步骤实现了动态的特征通道重校正,即强化了网络判断为重要的通道特征,抑制了网络判断为不重要的通道特征。

SE 模块允许网络学习如何自适应地重校正特征通道,对于汉字识别任务而言,这意味着模型可以更有效地识别对分类决策至关重要的特征。例如,模型可

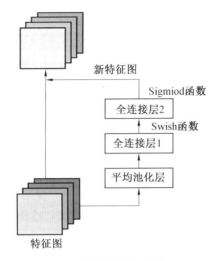

图 5.2　SE 模块的基本流程

以学习区分相似笔画的汉字中的细微特征,并相应地调整这些特征通道的权重,从而提高分类的准确性。通过这种方式,SE 模块显著提高了 EfficientNetV2 在图像识别任务,尤其是在汉字识别任务中的性能。

3. 模型结构

EfficientNetV2 模型结构是为了在不牺牲准确性的前提下提高效率而设计的,该模型结构通过调整网络的深度、宽度和分辨率来实现不同预算的适配。

初始层是模型的第一层,负责处理原始输入图像。初始层通常包括一个或多个卷积层,用于捕捉初步的特征信息。在 EfficientNetV2 中,初始层通常是一个卷积层,后跟批量归一化和激活函数。代码中的 ConvBNAct 类可以用作实现这一层的构建块。

中间的卷积块是模型的核心,负责提取和转换特征。EfficientNetV2 利用不同类型的卷积块来处理不同层次的特征。EfficientNetV2 包含多种类型的卷积块,如 MBConv 和 Fused-MBConv。MBConv 模块使用逆残差结构,通过扩展和投影卷积层及深度卷积来提取特征;而 Fused-MBConv 模块则合并了这些步骤,以简化计算并提高效率。这些卷积块可以通过 MBConv 和 Fused-MBConv 类来实现,其中还融入了 SE 模块,用于增强特征表示。

最终的分类头(head)是模型的最后部分,用于将提取的特征映射到目标类别上。分类头通常由一个全局平均池化层、一个或多个全连接层和一个分类器组成,这部分的设计旨在将高维特征压缩成一个一维的特征向量,然后通过全连接层进行处理,最终输出预测结果。通过代码中的头部分实现这一功能,其中包括了全局平均池化、扁平化操作、随机失活(可选)和线性分类层。

EfficientNetV2 模型结构通过精心设计的初始层、多样化的卷积块和高效的分类头,实现了在不同规模和复杂度的图像识别任务上的高效表现。在汉字识别等任务中,这种结构能够适应汉字的复杂性,提供优秀的识别能力。

4. 训练配置

训练流程是基于 EfficientNetV2 的小型版本,选取该版本是考虑其在保持较低计算复杂度的同时,仍能提供优秀的性能。在训练过程中,采用以下关键配置。

(1)图像预处理。对输入图像应用一系列转换,包括调整尺寸、标准化和颜色抖动。这些步骤不仅使模型能够处理不同大小的图像,还能通过颜色变换增强模型对图像细节的适应性,从而提高泛化能力。

(2)数据加载。使用自定义的数据集加载器,从文本文件中读取图像路径和对应的标签。通过批量加载和数据打乱,确保训练过程的高效性和随机性。

(3)优化策略。选择 Adam 优化器进行权重更新,初始学习率设置为 0.000 1。此外,引入基于性能的学习率调度器,当训练进展停滞时自动减少学习率,以促进模型收敛。

(4)连续训练机制。支持从先前中断的训练状态恢复,使训练过程更加灵活和鲁棒。这一机制通过检查日志文件夹中的状态文件实现,允许在训练过程中进行迭代优化,无须重新开始训练。

5.1.4　实验分析与结果

在实验中,EfficientNetV2 模型在训练集上达到了 89% 的准确率,处理 3 755 类汉字,这一结果是在采用上述数据增强策略和优化器配置下获得的。对于进一步提升模型性能,考虑实施更多样化的数据增强方法,如 transforms. RandomHorizontalFlip( )和 transforms. RandomRotation( ),以及探索更高级的优化策略,如学习率预热和动态调整机制。此外,对模型进行定期的验证集评估,可以更有效地监控训练进度和过拟合情况,为模型调优提供重要信息。

通过对数据集中的汉字进行分析,可以看出有些手写汉字即使是人也很难识别,比如图 5.3 中第一行第三列的汉字"亚",根据书写风格很容易被误认为是汉字"西",同样地,汉字"凸"也会被误认为是汉字"吕"。这种书写习惯增大了汉字识别的难度,降低了模型的识别准确率。

为了打破传统分类模型对离线手写汉字识别效果不佳的瓶颈,采用基于

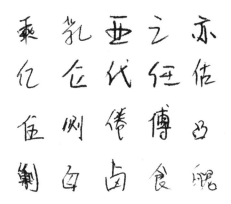

图 5.3　CASIA-HWDB1.1 数据集部分汉字

CNN 的方法研究手写汉字识别[109]。CNN 由输入层、卷积层、池化层、全连接层和输出层组成[110]。在实验过程中,将大量带有标签的手写汉字图像作为输入,由于训练集中图像的大小不规范,因此需要对输入图像进行填充处理。在此之后经过多次反复训练,网络模型已经具备较好的权重值,之后对这些权重值进行保存,将测试集中的汉字送到训练好的网络模型中进行预测,最终完成手写汉字的识别。图 5.4 所示展示了对手写汉字"骤"的识别过程。当图像输入后,在经过不断地卷积和池化操作后,图像的特征信息被送入全连接层,经过全连接层处理后,由含有 3 755 个神经元的 Softmax 进行分类输出。

　　基于 CNN 的离线手写汉字识别通过对输入图像进行特征提取,这个过程是自动完成的,可以避免手动提取特征。在对手写汉字进行识别的过程中,需要对模型进行训练和预测。当输入图像被送入卷积神经网络中时,首先进行卷积操作。在卷积操作的过程中,使用多个卷积核对图像进行操作,提取输入图像的特征,同时得到多个通道的特征图;之后进行池化操作,这是为了降低特征图的维度。

　　从图 5.4 中可以看出,卷积和池化的过程是反复的。由全连接层将得到的特征图像通过非线性映射的方法生成一个特征向量,最终在 Sofmax 的作用下进行分类,将分类结果进行输出。在整个识别的过程中,激活函数、批量归一化和随机失活被用来改善网络的性能。在使用 SNN 对汉字识别的过程中,牵扯到众多参数的设置,因此在实验过程中,设置合适的参数值能够提高网络模型的性能。

　　传统的"特征提取+分类器"的手写汉字识别方法难以提高识别准确率,但通过使用 CNN 的方法能够很好地提高识别准确率。目前 CNN 已经被广泛应用在

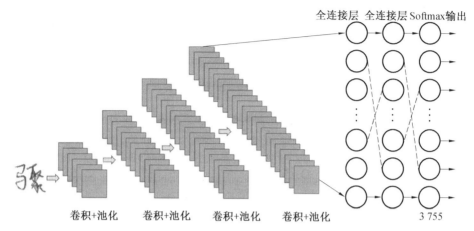

图 5.4　用于离线手写汉字识别的结构

手写汉字识别过程中,因此本节在离线手写汉字识别任务中对其进一步研究,在增加深度神经网络模型识别准确率的同时减少模型的参数量。

5.2　基于粒子群优化的 CNN 模型

　　CNN 模型已经被证明在解决离线手写汉字识别问题上优于传统的识别方法。然而,从头搭建一个 CNN 模型需要相关专业的知识储备,这往往需要大量的时间去学习。此外,对于训练较深的 CNN 模型,往往会产生大量参数,使得在验证 CNN 性能时耗费大量的计算资源和时间。因此,有必要设计一种能够快速自动创建和评估 CNN 模型的方法,本章提出了一种改进的粒子群优化算法(particle swarm optimization,PSO),用于自动搜索和创建 CNN 模型,应用于离线手写汉字的分类和识别。

5.2.1　粒子群优化卷积神经网络的理论基础

　　粒子群优化算法和遗传算法(genetic algorithm,GA)都是优化算法,属于仿生算法。通过在自然特征的基础上,对个体种群适应性进行模拟,在规则的约束下对搜索空间进行求解。在应用中,相比于遗传算法,粒子群优化算法在连续问题上有更好的表现,尤其是在 CNN 训练和函数优化上。因此,本节采用 PSO 搜索最佳的网络结构用于 CNN 模型的优化。

　　粒子群优化算法是一种受觅食的鸟群飞行行为启发的算法[111-112]。粒子群

优化算法通过追随当前搜索到的最优值来寻找全局最优,可以用于搜索最佳
CNN 结构[113]。在 CNN 中,针对某一个问题可以设计多种网络结构,如何选择最
优的网络结构是非常有研究意义的。针对离线手写汉字识别的问题,可以通过
设计多种网络结构以达到提高识别准确率的目的,但这些网络是人为设计的,需
要耗费大量的时间,并且需要大量的知识储备,这就对设计者有很高的要求。如
果可以通过粒子群优化算法自动搜索出一种网络结构将其应用到手写汉字识别
上,可以大大地节省人力和设计网络结构的时间。因此,本章提出了一种基于粒
子群优化算法的新型框架,用于自动搜索并创建最优的 CNN 结构,从而实现离
线手写汉字识别,如图 5.5 所示。

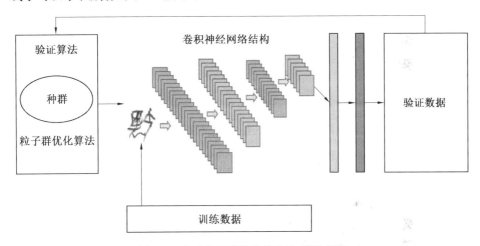

图 5.5　基于粒子群优化算法的 CNN 框架

从图 5.5 中可以看出,在搜索 CNN 框架的过程中,需要多次对数据进行训练
和测试,对 CNN 结构不断地进行优化,在经过多次验证后得到最佳的 CNN 结构。
粒子群优化算法的流程如图 5.6 所示。

在表 5.2 中展示了粒子群优化算法。在粒子群优化算法中,单个解决方案
被称为粒子,所有解决方案的集合被称为群。粒子通过不断地更新,找到全局最
佳的粒子。与粒子群优化算法不同的是,在粒子群优化 CNN 的过程中,每个粒
子代表一种网络结构粒子。粒子群优化算法的主要思想是基于群中的每个粒子
的位置、速度、个人最佳位置(pbest)和群的全局最佳位置(gbest),在每次迭代的
过程中,对粒子的个人最佳粒子和群的全局最佳粒子进行调整和更新,使所有粒
子都指向相同的最优位置。

以 $\boldsymbol{v}_{id}$ 表示第 i 个粒子在 d 维度的速度向量,粒子的速度更新过程为

$$\boldsymbol{v}_{id}^{t+1} = w\boldsymbol{v}_{id}^{t} + c_1 r_1 (\boldsymbol{z}_{pbest}^{t} - \boldsymbol{z}_{id}^{t}) + c_2 r_2 (\boldsymbol{x}_{gbest}^{t} - \boldsymbol{z}_{id}^{t}) \tag{5.1}$$

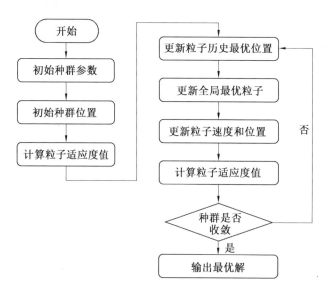

图 5.6　粒子群优化算法的流程

其中,w 为惯性系数,用于调整前一个时间步长的速度对当前时间步长的速度的影响程度;t 为迭代次数;c_1 和 c_2 为学习因子;r_1 和 r_2 为 $[0,1]$ 范围内均匀分布的随机变量;下标 pbest 为局部最佳位置;下标 gbest 为全局最佳位置。

以 z_{id} 表示第 i 个粒子在 d 维度的位置向量,粒子的位置更新过程为

$$z_{id}^{t+1} = z_{id}^t + v_{id}^{t+1} \tag{5.2}$$

表 5.2　粒子群优化算法

1:种群粒子初始化,确定种群大小 n

2:初始化粒子的当前位置 z_p

3:初始化粒子的当前速度 v_p

4:更新粒子的最佳位置

5:for $i \in [1, n]$

6:　　if $f(z_p) < f(x_i)$ then

7:　　　$x_i = z_p$

8:　　end if

9:　　更新粒子的全局最佳位置

10:　if $f(x_i) < f(x_g)$ then

11:　　$x_g = x_i$

12:　end if

续表5.2

13：end for	
14：更新粒子速度 v_{id}^{t+1}	
15：更新粒子位置 z_{id}^{t+1}	
16：返回步骤4,继续更新,直到满足终止条件	
17：结束	

在粒子更新时,通过下式对 w 进行动态调整。在 w 调整的过程中,对全局搜索和局部搜索进行权衡,通过线性递减权值的方法调整 w 值:

$$w = w_{max} - \frac{(w_{max} - w_{min})t}{T_{max}} \tag{5.3}$$

式中,T_{max} 为最大迭代次数;w_{max} 和 w_{min} 分别为最大和最小惯性系数;t 为当前迭代次数。

在粒子群优化算法初始阶段,w 被赋予一个较大的正值,随着算法的执行,可以线性地使 w 减少。通过这种方法,粒子在初始更新时具有较大的速度步长,能够快速地在全局的范围内搜索到好的网络结构,随着迭代次数的增加,w 不断地减小,粒子能够在极值点附近细致地搜索。通过在整个种群中大范围地搜索,之后在极值点附近搜索,可以使算法朝着最优的方向收敛。

在 CNN 的分类器中,通过层与层之间对齐的方法,对层间的输出和输入进行连接。为了更好地将 CNN 与粒子群结合,将 CNN 通过数学公式的形式进行定义,表达式为

$$Z_n = f_n(g_n(Z_{n-1}, k_n)) \tag{5.4}$$

式中,Z_n 为第 n 层的输出;f_n 为第 n 层对应的激活函数;g_n 为第 n 层的卷积操作,通常是卷积核 k_n 对前一层 Z_{n-1} 进行卷积运算;Z_{n-1} 为前一层的输出,或者在第一层时是输入数据。

通过粒子群优化算法对 CNN 进行优化,提出了基于粒子群优化的卷积神经网络算法(particle swarm optimization for convolutional neural network,PSOCNN),用于搜索最佳的结构,具体的算法见表5.3。

表 5.3   基于粒子群优化的卷积神经网络算法

输入:种群大小 N,训练数据 D_{train},训练周期数 E_{train},最大迭代次数 M_{iter}。

输出:全局最佳粒子 gbest(最优的卷积神经网络结构)。

1:$X = X_1, X_2, \cdots, X_N$

2:for $i = 1$ to N do

3:$\text{pbest}_i = X_i$

4:$X_i^{\text{loss}}, \text{pbest}_i^{\text{loss}} = L(X_i, D_{\text{train}}, E_{\text{train}})$

5:end for

6:对于所有的粒子 $m(m \neq n)$

   $\text{gbest} = X_n$,并且 $L(X_n, D_{\text{train}}, E_{\text{train}}) < L(X_m, D_{\text{train}}, E_{\text{train}})$

7:   $\text{gbest}^{\text{loss}} = X_{\text{it}}^{\text{loss}}$

8:   for $j = 1$ to M_{iter} do

9:   for $k = 1$ to N do

10:   $X_k^{\text{velocity}} = \text{Update Velocity}(X_k, w)$

11:   $X_k = \text{Update Velocity}(X_k)$

12:   $X_k^{\text{loss}} = L(X_k, D_{\text{train}}, E_{\text{train}})$

13:   If $X_k^{\text{loss}} < \text{pbest}_k^{\text{loss}}$ then

14:      $\text{pbest}_k = X_k$

15:      $\text{pbest}_k^{\text{loss}} = X_k^{\text{loss}}$

16:      if $\text{pbest}_k^{\text{loss}} < \text{gbest}^{\text{loss}}$ then

17:         $\text{gbest} = X_k$

18:         $\text{gbest}^{\text{loss}} = X_k^{\text{loss}}$

19:      end if

20:   end if

21:end for

22:end for

23.返回 gbest

卷积层通过滤波器在输入图像上构建特征图,卷积层可以被定义为

$$Y_n = K_n Y_{n-1} \tag{5.5}$$

卷积层构建特征图后,将特征图送入池化层,在经过大小为 $x \times y$ 的窗口对特

征图 $T_{x,y}$ 进行下采样,以减少参数。整个池化的过程可以被定义为

$$Y_n = T_{x,y} Y_{n-1} \tag{5.6}$$

在经过池化操作后,在激活函数的作用下实现全连接层的操作,这一过程可以定义为

$$Z_n = f_n(Y_n) \tag{5.7}$$

本节提出的 PSOCNN 包含以下四个阶段,帮助其搜索并构建最佳网络结构。

(1)粒子进行初始化。在一定的空间中粒子首先进行更新,此时每一个粒子代表一种网络结构,为了保证每种网络结构都是有效的,对网络的层类型进行设置,例如每一种网络结构的第一层只能是卷积层,当出现全连接层时,之后的层只能是全连接层。

(2)进行适应性评估以确定损失。在进行适应性评估时计算每种网络结构的损失值,选出损失值最小的粒子。

(3)计算粒子的速度。在计算粒子速度的过程中,首先计算局部最优粒子和全局最优粒子与当前粒子之间的差值,这个差值代表的是网络结构层类型的不同,将计算得到的差值在惯性系数与随机数的比较下,进行层结构的筛选,确定最终的粒子速度。

(4)进行粒子的位置更新。根据粒子当前的位置与当前粒子的速度,得到最新的粒子位置,即搜索最好的卷积神经网络结构。

5.2.2　基于粒子群优化的手写汉字识别 CNN 模型

1. 种群初始化

种群初始化作为表 5.3 中的第一步,如图 5.7 所示。在进行粒子初始化时,随机初始化三个粒子,每个粒子代表一个独特的 CNN 结构。

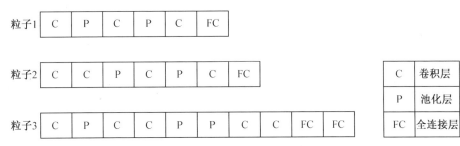

图 5.7　具有不同 CNN 结构的三个粒子

在初始化阶段构建 N 个具有随机 CNN 结构的粒子,每个粒子具有三层至最

大层的随机层数,为了生成可行的 CNN 结构,粒子的第一层只能是卷积层,全连接层只能作为最后一层。此外,全连接层不能放在卷积层和池化层之间,只能放在 CNN 结构的末端。根据这一限制条件,在进行粒子初始化的过程中,一旦出现全连接层,之后的每一层只能是全连接层。在 CNN 结构的最后使用全连接层是研究者常用的一种方法。一般情况下,全连接层被用来进行特征分类。在池化层之后,输出的数量将会减少,在经过多次池化操作后,输出已经足够的小,可以作为全连接层的输入,而不需要使用大量的神经元。卷积层层数和池化层层数能够扩大神经元的感受野,可以更好地获得全局信息,从图 5.7 中可以看出,在限制条件下,初始化的网络结构的第一层都是卷积层,在出现全连接层之后,后面的层都是全连接层,因此粒子初始化的网络结构可以在离线手写汉字数据集上正常训练。

2. 适应性评估

适应性评估是通过将粒子编译成成熟的 CNN 结构,然后对这些结构进行若干次训练(训练次数为 e_{train}),通过比较不同粒子的损失值完成适应性评估。因此,适应性评估的目标是识别具有最小损失值的一个粒子,而不是考虑超参数的数量。在适应性评估的基础上,更新全局最佳粒子和局部最佳粒子以便搜索到一个最优的解决方案。在评估结束时,得到的全局最佳粒子代表的 CNN 就是最优的网络结构。在粒子训练过程中,使用 Adam[114] 优化器进行训练,使用 Xavier 初始化权重。此外,为了获得更好的性能,还可以在层与层之间添加随机失活和批量归一化,以避免过拟合。

3. 不同粒子的计算

在计算单个粒子速度之前,需要明确如何测量两个粒子之间的差值。图 5.8 所示为两个粒子之间差值的计算过程。图 5.8 左上角列举了粒子 P1 和粒子 P2,在对粒子 P1 和粒子 P2 进行比较之前,为了更好地区分差值的层是来自哪个粒子,使用 C1 代表第一个粒子的卷积层,以及使用 C2 代表第二个粒子的卷积层,同理,池化层和全连接层也使用同样的定义。

如图 5.8 右上角所示,为了避免在卷积层和池化层之间出现全连接层这种无效的 CNN 结构,对每个粒子的卷积层或者池化层与全连接层之间是独立比较的。在计算粒子之间差值时,粒子之间的差值只考虑粒子代表的网络结构的层类型。如果两个粒子的第二层都是卷积层,则差值为 0,这与超参数无关,表明在更新给定粒子结构时,这层的位置保持不变,仍然是卷积层。此外,粒子之间的比较总是相对于第一个粒子进行的,如果两个粒子都有不同的层类型,那么最终

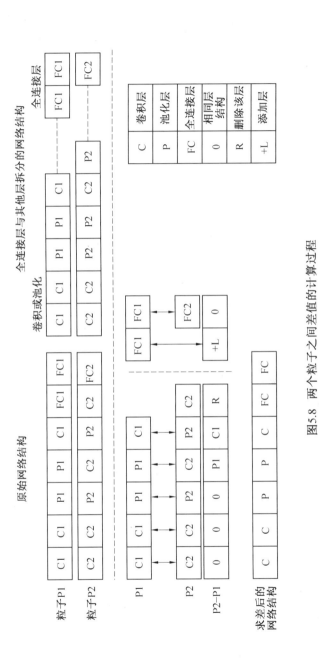

图5.8 两个粒子之间差值的计算过程

的计算结果是保留第一个粒子的层及其相应的超参数。如果第一个粒子的层少于第二个粒子的层，那么最终的 R 层将被添加到差值中，这就意味着这个位置的层将会被移除，如图 5.8 中的粒子 P2 与粒子 P1 之间差值（全连接层的前一层）就是需要删除的层。另外，如果第一个粒子比第二个粒子层多，那么 +L 层将会被添加到差值中，其中 +L 表示要添加层的类型，可以是卷积层、池化层或者全连接层，如图 5.8 所示，差异在第一全连接层（FC1），因此需要在 P1 中添加该层。粒子 P2 与 P1 之间的差异位于 P2 的 FC1 层，因此该层需要添加到 P1 中。

从图 5.8 中可以看出，P1 和 P2 的第一层和第二层都是卷积层，第三层是池化层，因此得到的 P2−P1 的前三层都是 0，这就代表着 P2−P1 的前三层分别是卷积层、卷积层和池化层，以此类推。从图 5.8 中还可以看出，P2 比 P1 少一个全连接层，因此计算差值后的网络结构需要添加一个全连接层，最终得到差值后的网络结构如图 5.8 中左下角所示。

4. 速度计算

任何给定的粒子 P 的速度都是基于全局最佳粒子与局部最佳粒子的差异，卷积层、池化层和全连接层的差值被分开计算。因此，首先计算粒子 pbest、粒子 gbest 与粒子 P 之间的差值。如图 5.9 和 5.10 所示，图中分别显示了粒子 pbest 与粒子 P 的差值（pbest−P）和粒子 gbest 与粒子 P 的差值（gbest−P）。

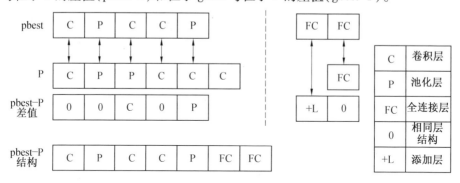

图 5.9　pbest 与粒子 P 的差值

从图 5.9 中可以看出，在得到 pbest−P 结构的计算过程中，将粒子 P 的最后一个卷积层删除，这表明当粒子 P 与粒子 pbest 之间存在差异时，会优先从粒子 pbest 中进行选择，pbest−P 的网络结构如图 5.9 中左下角所示。同理，在计算 gbest−P 的过程中，同样遵循上述规则。

从图 5.10 中可以看出，在卷积和池化部分，粒子 gbest 比粒子 P 多一个卷积层，因此在差值结构中，需要将多余的层添加到最后的结构中。图 5.10 中左下角展示了 gbest−P 的网络结构。

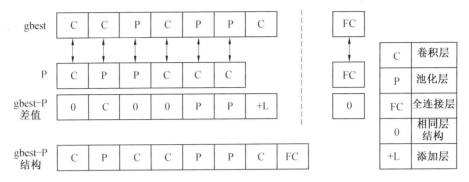

图 5.10　gbest 与粒子 P 的差值

在得到 pbest−P 和 gbest−P 网络结构之后,计算 pbest−P 与 gbest−P 之间的差值,如图 5.11 所示。

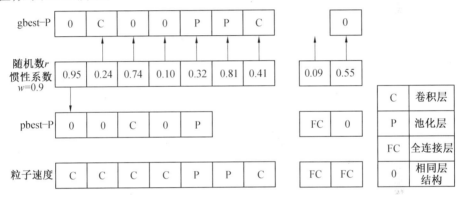

图 5.11　pbest−P 与 gbest−P 之间的差值

在表 5.3 中,计算 pbest−P 与 gbest−P 之间差值的过程通过函数 Update Velocity(·)实现。在计算差值后,通过在[0,1]间的随机数 r 计算最终速度,然后在每一次迭代中将其与惯性系数 w 进行比较,如果 $r \leqslant w$,将会从 gbest−P 中选择一层,否则将会从 pbest−P 中选择一层。w 在每一次迭代中使用式(5.3)进行更新。然而,在计算粒子速度时有一种特殊的情况,如图 5.12 所示,这种特殊情况的出现使得网络结构在更新的过程中与之前不一样。

由于速度是通过比较层类型来计算的,因此一个粒子的层结构可能与种群的 gbest 和 pbest 相同。当出现这种情况时,速度计算将会返回一个全 0 的列表,如图 5.12 中的顶部所示。当发生这种情况时,速度将基于惯性系数 w 从 gbest 或者 pbest 中选择层,因此粒子的超参数将从 gbest 或 pbest 中选择,而不是来自差值,这种特殊情况保证了在更新网络结构中粒子始终保持最好的网络结构。

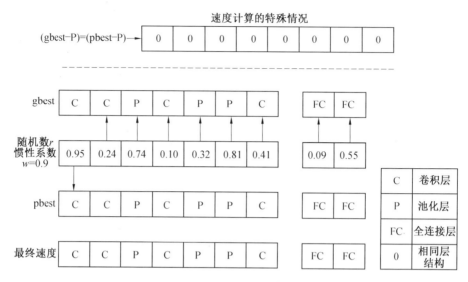

图 5.12 计算粒子速度的一种特殊情况

5. 粒子更新

在完成粒子速度计算之后,对粒子的位置进行更新。在表 5.3 中,粒子更新通过函数 Update Velocity(·)实现,同样的卷积层和池化层与全连接层分开处理。表 5.3 通过给定的粒子速度搜索需要修改的层。根据粒子速度,在粒子结构中添加或者删除层,然而算法需要跟踪结构中池化层的数量。根据训练输入的大小,只允许有限数量的池化层。如果在粒子更新之后,粒子最终拥有的池化层数量超过允许的数量,那么多余的池化层将在粒子的结构中一个接一个地从最后一层移除到第一层。粒子更新的过程如图 5.13 所示。在粒子更新的过程中,受到网络层数的限制和结构上的限制,例如第一层必须是卷积层,全连接层之后必须是全连接层。

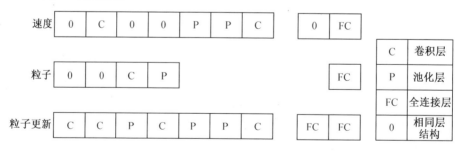

图 5.13 粒子更新的过程

5.2.3　实验分析与结果

为了研究 PSO 搜索的 CNN 模型的性能,本节对实验过程中的参数设置进行讨论,并对实验结果进行分析。

1. 实验设置

对于离线手写汉字识别,在设计 PSOCNN 时,与 PSO 有关的参数设置是基于其使用的惯例。在粒子初始化时,将惯性系数 w 设置为 0.9,随着迭代次数的增加,w 会逐渐变小。在粒子速度更新的过程中,将学习因子设置为 $2(c_1=c_2=2)$,这样能够加快粒子的搜索能力。在种群初始化时,预设种群大小为 20 个粒子,每个粒子代表一种 CNN 结构。在粒子迭代的过程中,算法设置最大的迭代次数为 10。由于 CNN 结构搜索过程需要大量的训练和测试,尤其是在适应性评估阶段,这是一个非常耗费资源的过程,因此在评估每个粒子的适应度时,CNN 模型的训练最大迭代次数为 10。在粒子群优化结束后,对得到的最优 CNN 结构进行 100 个批次的训练。PSOCNN 的参数设置见表 5.4。

表 5.4　PSOCNN 的参数设置

参数描述	值
种群大小	20
迭代次数	10
惯性系数 w	0.9
学习因子 c_1	2
学习因子 c_2	2
卷积核的最小尺寸	3×3
卷积核的最大尺寸	7×7
模型最小层数	3
模型最大层数	20
随机失活	0.5

2. 实验结果

在实验过程中,将搜索到网络结构在离线手写汉字数据集上进行训练和测试。

由于 PSOCNN 具有随机的特性,为了确保实验结果的有效性,本节进行了 3

次独立实验,将 3 次实验的结果取平均值,得到最终的实验结果,最终的实验结果见表 5.5。从图 5.14 中可以看到,PSOCNN 具有较高的识别准确率和较少的模型参数。

表 5.5　不同网络模型的识别准确率和参数量

网络模型	识别准确率/%	参数量/百万
MQDF_THH(传统模型的代表)	92.56	51.90
AlexNet	95.30	62.91
MobileNet	96.37	2.27
GoogLeNet	97.56	5.62
SqueezeNet	94.90	1.23
PSOCNNs	97.24	3.16

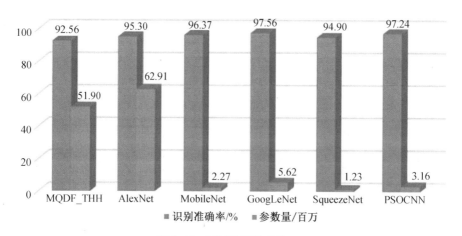

图 5.14　不同模型的比较

PSOCNN 模型结构如图 5.15 所示。从图中可以看出,PSOCNN 能够很好地从不同的粒子中挑选出最好的层,通过对每个粒子中最优层进行组合,构成了最优的网络结构。

在表 5.5 中,比较 PSOCNN 模型与 MQDF_THH 模型,无论是识别准确率和参数量上,PSOCNN 模型都优于 MQDF_THH 模型。相比于 MQDF_THH 模型,PSOCNN 模型在识别准确率上提升了 4.68%,参数量减少了 93.91%。相比于 AlexNet 模型,PSOCNN 模型的识别准确率提升了 1.94%,参数量减少了 94.98%。与 GoogLeNet 模型相比,PSOCNN 模型参数量减少了 43.77%,识别准确率只下降了 0.32%。与 SqueezeNet 模型和 MobileNet 模型相比,PSOCNN 模型的

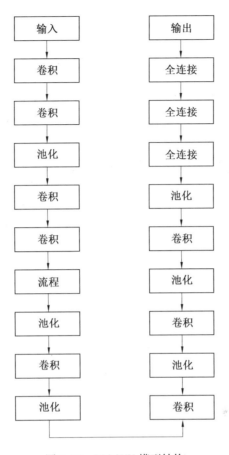

图 5.15　PSOCNN 模型结构

识别准确率分别提升了 2.34% 和 0.87%。PSOCNN 模型能够有效地提高模型的识别准确率，不仅如此，还能够在很大程度上减少模型参数量。虽然与 SqueezeNet 模型相比，PSOCNN 模型在参数量上存在不足，但 PSOCNN 提供了一种新的构建模型的方法，而且通过搜索到的模型在识别准确率和参数量之间取得很好的平衡。

5.3　本章小结

本章提出了基于 PSO 自动搜索 CNN 结构的方法，对 PSOCNN 进行了详细的介绍。在搜索网络结构的过程中，首先需要进行种群初始化，在初始化完成之后，对粒子进行适应性评估，得到具有最小损失值的粒子；其次，计算粒子间的差值;最后对粒子进行速度更新和位置更新。将粒子群搜索到的网络结构在离线手写汉字识别数据集上进行训练。实验结果表明,PSOCNN 在离线手写汉字识别应用中优于传统模型,并且与其他网络模型比较,PSOCNN 模型能够在识别准确率和参数量之间取得很好的平衡,为构建适用于离线手写汉字识别的神经网络奠定一个很好的基础。

第6章

深度卷积神经网络模型压缩研究

深度卷积神经网络模型往往具有复杂的网络结构,这就导致模型中含有大量的参数,为了能够在嵌入式设备中部署这些模型,需要对模型进行压缩。在深度卷积神经网络中,有些权重的值很小,其作用可以忽略不计,因此可以对这些权重对应的通道进行裁剪。模型压缩势必会导致识别准确率降低,为了提高模型的识别准确率,在进行压缩之前,本章提出了在残差网络模型中引入注意力机制的方法,增强对输入图像的特征提取能力,使残差网络模型有更好的识别准确率。为了减少模型的参数量,本章提出了采用通道裁剪的方法对深度卷积神经网络模型进行压缩,通过对不重要的通道进行裁剪可以有效减少模型的参数量,实现模型压缩。

6.1 深度卷积神经网络模型压缩的理论基础

目前,深度卷积神经网络运算过程存在大量的冗余参数[115],部分冗余参数可能会导致识别效果的下降,在不影响网络性能的同时去除冗余参数,能够有效提高网络的性能。模型压缩技术将删除网络中不重要的权重,以提高网络模型的泛化能力。如图 6.1 所示,模型压缩可以分为浅层压缩和深度压缩。

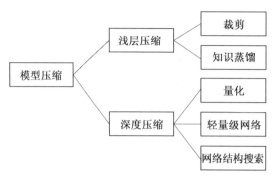

图 6.1　模型压缩的分类

　　浅层压缩通常是指在不改变网络结构的情况下,减少网络模型的参数和层数,常用的浅层压缩方法有裁剪和知识蒸馏。与浅层压缩不同,深度压缩通过改变网络模型的层级结构(有时也会改变卷积核)实现模型压缩,常用的深度压缩方法有量化、轻量级网络和网络结构搜索。

6.2　模型压缩方法

6.2.1　裁剪

　　裁剪作为一种常用的网络模型压缩方法,往往用来降低深度卷积神经网络的模型复杂度和计算量。在模型裁剪的过程中,通常需要经过训练、裁剪和微调三个阶段。裁剪需要从训练好的网络中移除神经元之间的连接,有时是整个神经元、通道或者过滤器。裁剪是因为网络倾向于过度参数化,多个特征传达相同的信息,并且在大型网络模型中起着无关紧要的作用。

　　如图 6.2 所示,根据要移除网络组件的类型,裁剪包括非结构化裁剪和结构化裁剪。在非结构化裁剪中,裁剪的是单个神经元;而在结构化裁剪中,裁剪的是整个通道或滤波器。非结构化裁剪得到的权重矩阵是稀疏的,需要设计专用硬件或者库,否则不能达到压缩和加速的效果。结构化裁剪是在通道或者层次上进行裁剪,保留原始的卷积结构,不需要设计专门的硬件或者库。通道裁剪是指在传统深度学习框架上进行细粒度的裁剪,是结构化裁剪的有效方法。

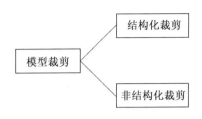

图 6.2　模型裁剪的分类

6.2.2　知识蒸馏

知识蒸馏是一种间接的模型压缩方式[116]，是用现有的较大模型(教师模型)训练较小的模型(学生模型)。教师模型往往具有较好的学习能力，因此可以用教师模型的学习能力来指导学生模型，最终学生模型具有与教师模型相当的性能。第 7 章将会对知识蒸馏方法进行详细的介绍。

6.2.3　量化

量化涉及减少权重的大小，量化是将大集合中的值映射到较小集合中的值的过程，即与输入包含的值相比，输出包含的值范围更小，不会在过程中丢失太多信息。目前，多数的深度卷积神经网络模型的参数是 32 位浮点数，计算的过程也是 32 位浮点数，量化的思想是将 32 位浮点数使用更低的准确率(如 4 位整形)实现。量化使用定点计算的方法进行运算，定点计算具有更小的数据格式，可以有效降低内存空间的占用。此外，在计算速度上，定点计算速度比浮点运算速度快，并且消耗的硬件资源少。量化能够带来计算效率的提升，同时能够减少内存、存储占用和能耗。

6.2.4　轻量级网络

轻量级网络的核心是在尽量保持准确率的前提下，从体积和速度方面对网络进行轻量化改造，以满足实时性和低内存的要求。轻量级网络构建的过程是对经典网络模块重新设计的过程，常见的方法是对卷积层进行改进，通过设计不同的卷积块实现。在轻量级网络设计的过程中能够减少模型的参数。轻量级网络的结构简单，计算简化，但设计模型过程中比较困难，并且模型的泛化能力差。

6.2.5　网络结构搜索

网络结构搜索作为模型压缩中不可或缺的一部分，如图 6.3 所示。在网络结构搜索的过程中,首先需要对搜索空间进行限制;其次,在搜索空间中搜索合适的网络结构;之后对搜索到的结构进行评估,以及对得到的评估值进行判断,决定是否进行下一轮的搜索。基于网络结构搜索的方法可以设计新的网络并均匀缩放网络大小,这种方法计算简单,网络性能好,但在网络架构搜索时的算法复杂,效率低。

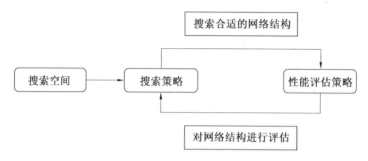

图 6.3　网络结构搜索的过程

6.3　深度卷积神经网络中注意力机制的设计

注意力机制能够很好地反映深度卷积神经网络中神经元的激活情况[117],因此可以通过引入注意力机制提高深度卷积神经网络的性能。在深度卷积神经网络模型中,含有多层神经网络的性能优于浅层神经网络,这是因为多层神经网络能充分提取图像中的信息,但随着网络层数的增加会出现梯度消失、梯度爆炸的问题,残差网络结构可以很好地解决这一问题。本节提出在残差网络结构的基础上添加注意力机制,能够对输入的手写汉字图像重要特征进行提取,提高残差网络模型的识别准确率。如图 6.4(a)所示,对于浅层神经网络采用双层残差模块。对于50 层、101 层和152 层的残差网络利用 3 层残差模块,如图 6.4(b)所示。在 3 层残差模块结构中,使用 1×1 卷积核不仅可以减少网络中的参数量,还可以大大改善网络模型的非线性。

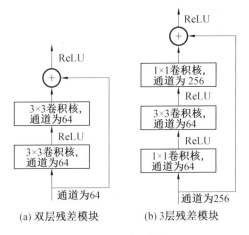

(a) 双层残差模块　　(b) 3层残差模块

图 6.4　残差模块

6.3.1　通道注意力机制和空间注意力机制

注意力机制被广泛地应用在深度学习中,在不同的任务中发挥着重要作用。人类在通过眼睛获取信息时,总是能够快速、准确地获取图像中的关键信息。根据人类获取信息的这一特点,提出了注意力机制,使深度卷积神经网络模型能够与人一样快速捕捉到图像的主要特征。在网络模型与注意力机制结合的过程中,首先将输入特征与通道注意力模块结合得到中间特征,之后将中间特征与空间注意力模块结合,产生输出特征[118]。在对中间特征进行融合的过程中,引入自适应特征细化的注意力机制模块(convolutional block attention module,CBAM)。在对中间特征进行融合后,可以得到图像分类任务中的显著特征向量。CBAM 的整体结构如图 6.5 所示。

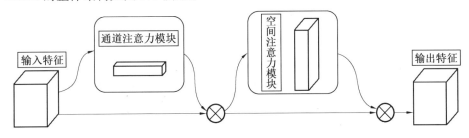

图 6.5　CBAM 的整体结构

在残差网络 ResNet18 模型中引入 CBAM 模块,得到基于 CBAM 的残差网络模型,如图 6.6 所示。经过卷积操作后,将特征映射 $F \in \mathbf{R}^{C \times H \times W}$ 作为通道注意力模块的输入。

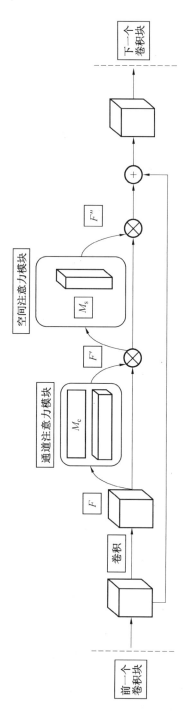

图6.6 基于CBAM的残差网络模型

CBAM 根据输入推导出 1D 通道注意力特征 $M_c \in \mathbf{R}^{C \times 1 \times 1}$ (M_c 为通道注意力值) 和 2D 空间注意力特征 $M_s \in \mathbf{R}^{1 \times H \times W}$ (M_s 为空间注意力值) 和 2D。中间特征 F' 是通过输入特征 F 与 1D 通道注意力值 M_c 对应元素相乘得到的;之后将中间特征 F' 与 2D 空间注意力值 M_s 对应元素相乘,得到输出特征 F'',整个流程过程可以概述为

$$F' = M_c(F) \times F \tag{6.1}$$

$$F'' = M_s(F') \times F' \tag{6.2}$$

式中,×为对应元素相乘的运算。

×在运算的过程中,将对应的注意力值进行复制,将空间注意力值在通道维度上进行复制,通道注意力值的复制过程与之相反。通道注意力模块经过平均池化操作后,得到平均空间特征 $F_{\text{avg}}^{\text{CA}}$,经过最大池化操作后,得到最大空间特征 $F_{\text{max}}^{\text{CA}}$。其中,平均池化和最大池化分别用 avg 和 max 表示,CA 代表通道注意力。将产生的特征融合到一个共享网络中,得到通道注意力特征 $M_c \in \mathbf{R}^{C \times 1 \times 1}$。如图 6.7 所示,多层感知机和一个隐藏层构成了共享网络。

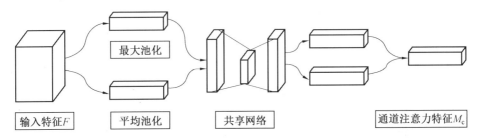

图 6.7 通道注意力模块

将隐藏的激活大小设置为 $\mathbf{R}^{\frac{C}{r} \times 1 \times 1}$ 能够减少参数,其中 r 为减少率。经过共享网络后,将元素求和得到输出向量。通道注意力机制可以被定义为

$$\begin{aligned} F_{\text{CA}} &= \sigma\left(\text{MLP}\left(F_{\text{Avg}}^{\text{CA}}\right) + \text{MLP}\left(F_{\text{Max}}^{\text{CA}}\right)\right) \\ &= \sigma\left(P_1\left(P_0\left(F_{\text{Avg}}^{\text{CA}}\right)\right) + P_1\left(P_0\left(F_{\text{max}}^{\text{CA}}\right)\right)\right) \end{aligned} \tag{6.3}$$

式中,σ 为 Sigmoid 函数。在输入的过程中,MLP 中的参数 P_0 和 P_1 是共享的,其中 $P_0 \in \mathbf{R}^{C/r \times C}$、$P_1 \in \mathbf{R}^{C/r \times C}$,在 P_0 之后是 ReLU 函数。

空间注意力模块根据特征之间的空间关系生成注意力图。在通道注意力模块的基础上,空间注意力模块对部分特征信息进行关注。在计算空间注意力的过程中,使用平均池化和最大池化操作,通过串联的方式将平均池化与最大池化连接,生成有效的特征信息。在串联的特征信息中,通过卷积操作生成空间注意力特征 $M_s(F) \in \mathbf{R}^{H \times W}$,$M_s(F)$ 在抑制位置编码的过程中起到关键作用。同样,采用平均池化和最大池化操作将特征图中的通道信息进行汇总,分别生成 2D 特征

$F_{\mathrm{avg}}^{\mathrm{SA}}$ 和 $F_{\mathrm{max}}^{\mathrm{SA}}$，其中，$F_{\mathrm{avg}}^{\mathrm{SA}} \in \mathbf{R}^{1 \times H \times W}$ 和 $F_{\mathrm{max}}^{\mathrm{SA}} \in \mathbf{R}^{1 \times H \times W}$，分别表示整个通道上的平均池化特征和最大池化特征。然后，2D 空间注意力模块是与卷积层串联得到的。空间注意力可以被定义为

$$F_{\mathrm{SA}} = \sigma(f^{k \times k}([\,最大池化(F') \times 平均池化(F')\,]))$$
$$= \sigma(f^{k \times k}(F_{\mathrm{avg}}^{\mathrm{SA}}, F_{\mathrm{max}}^{\mathrm{SA}})) \qquad (6.4)$$

式中，σ 为 Sigmoid 函数；$f^{k \times k}$ 为滤波器尺寸为 $k \times k$ 的卷积操作，在本节的实验过程中，将 k 设置为 7。

6.3.2　高效通道注意力模块

研究发现，通道注意力机制能够有效提升深度卷积神经网络的性能[119]。为了最大限度地提高网络性能，研究者们开发复杂的注意力模块，这就导致网络模型变得更复杂。在网络性能与复杂性之间存在一个平衡点，为了找到这个平衡点，提出了高效通道注意力模块（efficient channel attention，ECA）。ECA 是一个轻量化的模块，这就意味着 ECA 中只有少量的参数，却能够明显地提升模型的性能。

在学习通道注意力的过程中，降维操作是非常重要的，采用跨通道交互的方法在保证性能的同时降低模型的复杂度。为了实现不降维的局部跨通道交互策略，采用 1D 卷积的方法。

由于聚合特征 $y \in \mathbf{R}^C$ 没有降维，通道注意力可以被定义为

$$r = \sigma(Wy) \qquad (6.5)$$

式中，W 为一个 $C \times C$ 的参数矩阵。

为了保证效率和有效性，使用一个频带矩阵 W_k 学习通道注意，W_k 可以表示为

$$W_k = \begin{bmatrix} w^{1,1} & \cdots & w^{1,k} & 0 & 0 & \cdots & \cdots & 0 \\ 0 & w^{2,2} & \cdots & w^{2,k+1} & 0 & \cdots & \cdots & 0 \\ \vdots & \vdots & \vdots & \vdots & \vdots & \vdots & \vdots & \vdots \\ 0 & 0 & \cdots & \cdots & w^{C,C-k+1} & \cdots & \cdots & w^{C,C} \end{bmatrix} \qquad (6.6)$$

显然，W_k 共包含 $k \times C$ 个参数。

为了更清晰地表示每个权重与相邻通道之间的关系，下式详细展示了权值计算的过程。y_i 的权值计算仅考虑 y_j 与其 k 个相邻通道之间的相互作用，即 Ω_i^k：

$$w_i = \sigma\left(\sum_{j=1}^{k} w_j^i y_j^i\right) \quad (y_j^i \in \Omega_i^k) \qquad (6.7)$$

此时所有通道使用相同的学习参数。

式(6.7)通过内核大小为 k 的快速1D卷积实现：

$$w = \sigma(1\mathrm{D}_k(y))\qquad(6.8)$$

式中,1D 为一维卷积。

式(6.8)被称为 ECA 模块,该模块只涉及 k 个参数。

ECA 在捕捉局部跨通道交互特征时,需要确定一维卷积核的大小,卷积核的大小 k 表示了覆盖范围的大小。高效通道注意模块如图6.8所示。

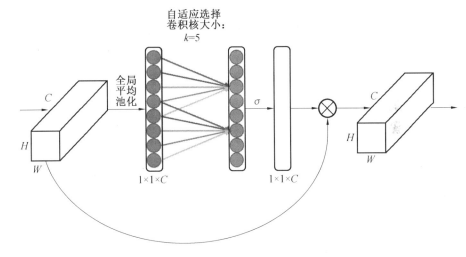

图6.8　高效通道注意模块

因此,卷积块中不同的通道数可以采用手动调整的方法来优化交互覆盖。在交互验证的过程中,手动调优的方法往往会耗费大量的计算资源。群体卷积已被成功用于改善深度卷积神经网络结构,其中高维(低维)通道涉及固定数量组的长范围(短范围)卷积。同理,交互作用的覆盖范围与通道维数 C 成正比是合理的,这说明卷积核的大小 k 与通道维数 C 之间存在映射关系 ϕ,表达式为

$$C = \phi(k)\qquad(6.9)$$

最简单的映射是一个线性函数,即 $\phi(k) = \gamma \times k - b$。然而,线性函数能够表达的信息有限。不仅如此,通道维数 C 通常是 2 的次幂。根据上述信息可以将式(6.9)的线性函数扩展成一个非线性函数,表达式为

$$C = \phi(k) = 2^{(\gamma \times k - b)}\qquad(6.10)$$

之后,给定通道维数 C,核大小 k 可被描述为

$$k = \phi(C) = \left| \frac{\log_2(C)}{\gamma} + \frac{b}{\gamma} \right|_{\mathrm{odd}}\qquad(6.11)$$

式中,函数 $|z|_{\mathrm{odd}}$ 为距离 z 最近的奇数。在本节的实验中,给 γ 赋值 2,给 b 赋值 1。在函数 $\phi(\cdot)$ 的映射下,低维通道在非线性映射过程中存在较短范围的相互

作用,高维通道在非线性映射过程中存在较长范围的相互作用。

6.3.3 实验结果与分析

本节以 ResNet18 作为原始网络模型,ResNet18 结构如图 6.9 所示。在 ResNet18 的基础上,分别引入 CBAM 和 ECA,得到新的网络,将新网络结构分别命名为 CBAM–ResNet18 和 ECA–ResNet18。注意力机制的引入将输入图像的特征信息更好地表征出来,模型的识别准确率提高,对网络模型在离线手写汉字数据集上进行实验。

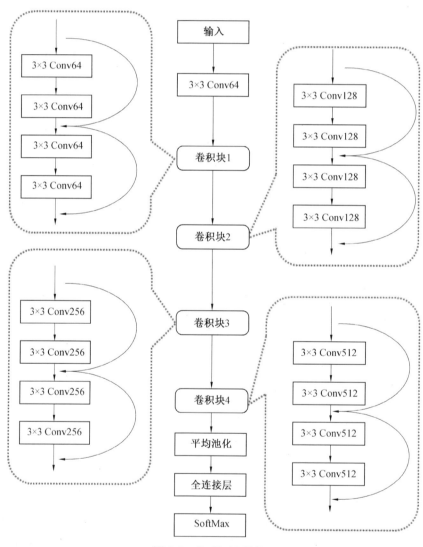

图 6.9 ResNet18 结构

如图 6.10 所示,将 CBAM-ResNet18 和 ECA-ResNet18 与原始网络进行比较,可以发现模型的识别准确率分别提升了 0.84% 和 1.05%,模型的参数量分别增加了 0.5% 和 4.5%。在增加少量参数的同时,模型的识别准确率也有提高。

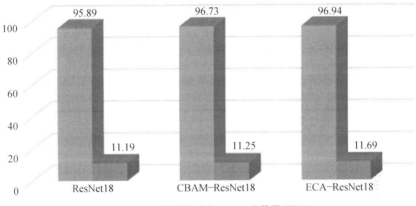

图 6.10　注意力机制对模型的影响

　　从表 6.1 中可以看出,ResNet18 取得了 95.89% 的识别准确率,在引入注意力机制后,CBAM-ResNet18 取得了 96.73% 的识别准确率,ECA-ResNet18 取得了 96.94% 的识别准确率,都优于原始网络结构,但增加了网络模型的参数量。因此,为了减少网络模型的参数量,6.4 节将采用通道裁剪的方法对引入注意力机制的网络模型进行压缩,以减少模型的参数量。

表 6.1　引入注意力机制的网络模型的识别准确率和参数量

网络模型	识别准确率/%	参数量/百万
ResNet18	95.89	11.19
CBAM-ResNet18	96.73	11.25
ECA-ResNet18	96.94	11.69

6.4　基于通道裁剪的深度卷积神经网络模型压缩

　　本节实现深度卷积神经网络的通道稀疏性,分析通道稀疏性的优势和挑战。使用批量归一化的缩放层识别网络中的冗余通道,并将其删除。细粒度级(权重级)的稀疏性具有很高的灵活性和通用性,能够获得较高的压缩率,但这往往需要设计特殊的软件或者专门的硬件加速器来加快稀疏化模型的推理,不易实现。与之不同的是,粗粒度级(层级)通过对层的裁剪,因此不需要设计特殊的软件或者专门的硬件加速器来提高模型速度,这就导致模型的灵活性差。通道稀疏性兼顾细粒度级和粗粒度级的优点,在灵活性与易于实现之间取得了平衡。通道稀疏性在深度卷积神经网络中应用,得到的网络就是未裁剪网络的"瘦身"版本。通道稀疏性的实现需要对与通道相关的所有输入和输出的连接进行裁剪。由于一个通道的输入或者输出权值不太可能接近零值,这就使得在预先训练的模型上直接裁剪权值的方法是无效的。

6.4.1　缩放因子和稀疏性惩罚

通过在深度卷积神经网络的每个通道中添加缩放因子 γ,将通道输出与 γ 相乘;之后联合网络权重和 γ,并对 γ 进行稀疏正则化;对得到的系数小的通道进行裁剪,在裁剪完成后,对网络进行微调。上述过程的损失函数为

$$L = \sum_{(x,y)} l(f(x,W),y) + \lambda \sum_{\gamma \in \Gamma} g(\gamma) \tag{6.12}$$

式中,x 为训练过程中的输入;y 为训练过程中的目标值;W 为可训练权重;λ 为平衡因子;l 为每个训练样本的损失。

深度卷积神经网络训练过程中得到的损失值是式(6.12)的 $\sum_{(x,y)} l(f(x,W),y)$,在训练过程中,对缩放因子进行稀疏性惩罚,这个过程通过函数 $g(\cdot)$ 实现。在实验过程中,将 $g(s)$ 定义为绝对值函数,即 $g(s)=|s|$,这被称为 L1 范数,被广泛用于稀疏性的实现。由于对一个通道的裁剪实质上是删除与该通道的所有连接,得到一个紧凑型网络,整个过程如图 6.11 所示。在通道裁剪的过程中,由于缩放因子与网络权重是共同优化的,因此不需要设计专门的稀疏计算包,这就说明网络对不重要通道的识别是自动的,可以有效地裁剪这个通道,并不会影响模型的泛化性能。

6.4.2　利用批量归一化层中的比例因子

为了使卷积神经网络快速收敛和具有更好的泛化性,通常采用在模型中插入批量归一化层的方法,批量归一化层激活的方法能够有效地整合通道上的比例因子。此外,在对内部进行批量归一化层激活的过程中,批量归一化层使用小批量的方法。批量归一化层的数学函数定义为

$$\hat{z} = \frac{z_{in} - \mu_B}{\sqrt{\sigma_B^2 + \varepsilon}} \tag{6.13}$$

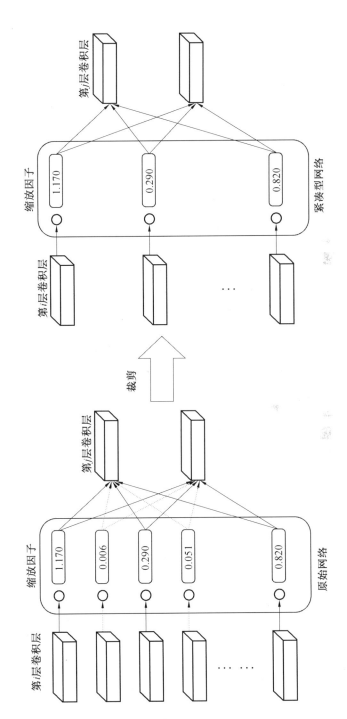

图6.11　通道裁剪示意图

$$z_{out} = w \, \hat{z} + \beta \qquad\qquad (6.14)$$

式中,z_{in}和z_{out}分别为批量归一化层的输入和输出;β 为当前的小批量;$\hat{z}$为激活的特征值,z_{out}是$\hat{z}$的线性变换;通过对每个维度的小批量进行计算,得到输入激活的均值 μ_B 和标准差 σ_B;ε 为一个稳定性常数,是为了避免出现分母为零的无效情况;w 和 β 是批量归一化层需要训练的参数,w 为权重,β 为偏置,这两个参数在训练前默认被设置为 1 和 0。

通过对批量归一化层进行激活、再集中和再缩放操作,使其加快了收敛过程,提高了卷积神经网络的泛化能力。通常情况下,批量归一化层在卷积层的后面,鉴于这种情况,将网络裁剪所需的缩放因子直接等价于批量归一化层中的 w 参数,这种等价方法不会给网络带来任何开销。因为卷积层和缩放层都是线性变换的过程,当缩放层被添加到没有批量归一化层的卷积神经网络中,缩放因子在评估通道重要性时是不起作用的。为了得到相同的结果,在减少缩放因子的同时,放大卷积层的权重。当缩放层被插入到批量归一化层之前时,缩放层是不起作用的,因为经过批量归一化层的归一化后,缩放效应被完全抵消。当缩放层被插入到批量归一化层后时,每个通道会产生两个连续的缩放因子。

6.4.3　通道裁剪和微调

图 6.11 中,在正则化训练的过程中,通过添加通道级稀疏诱导的方式输出模型,输出的模型中有许多通道的缩放因子接近于零,可以对这些通道进行裁剪。在裁剪的过程中,设置一个全局阈值,使用阈值对全局通道进行裁剪。阈值的计算是将所有缩放因子从小到大排序,然后根据百分比选择某一个缩放因子作为阈值。例如,在实验中设置删除 60% 的通道时,那么将缩放因子从小到大排序的 60% 对应位置的缩放因子就是全局阈值。通过这种办法,能够获得一个具有少量参数和运行内存的紧凑型网络。当裁剪率较高时,裁剪会造成网络的性能下降,因此在对通道进行裁剪时,需要设置合适的全局阈值,还可以通过对裁剪后的网络进行微调来补偿损失。

6.4.4　迭代裁剪

6.4.3 节的裁剪过程是基于单通道的,在单通道裁剪的基础上可以进行多通道的裁剪。在裁剪得到一个紧凑型网络的基础上,再进行裁剪,得到一个更紧凑的网络,这个过程就被称为迭代裁剪,如图 6.12 所示。

图 6.12　迭代裁剪

迭代裁剪可以理解为一个网络需要裁剪 60% 的通道,那么可以将整个裁剪过程迭代 6 次,每次裁剪 10%。由于每次裁剪之后都经过微调,因此使用迭代裁剪的网络比一次直接裁剪 60% 的网络具有更好的性能。

6.4.5　处理残差连接和预激活结构

基于通道裁剪的网络模型与传统的模型在结构上有所不同。图 6.13 所示为含有跨层连接的残差网络结构。当处理跨层连接的残差网络时,在预激活卷积块中的批量归一化层之后添加一个通道选择层,通道选择层的作用是用来掩盖已经确定的通道,这样可以在测试时节省计算。

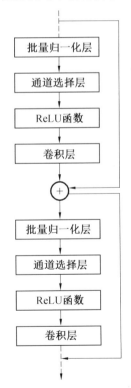

图 6.13　含有跨层连接的残差网络结构

图 6.14 所示为原始卷积块和预激活卷积块。原始卷积块开始是卷积层,最后是 ReLU 函数,而在预激活卷积块中,批量归一化层之后是 ReLU 函数,最后送到卷积层,对于采用预激活且含有跨层连接的残差网络,一层的输出被作为后续多个层的输入。

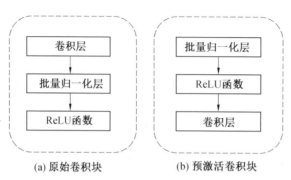

(a) 原始卷积块 (b) 预激活卷积块

图 6.14   原始卷积块和预激活卷积块

6.4.6   实验结果与分析

对含有注意力机制的残差网络结构(CBAM-ResNet18 和 ECA-ResNet18)进行训练和测试,如图 6.15 所示,图中列举了裁剪后的网络的识别准确率和参数量。

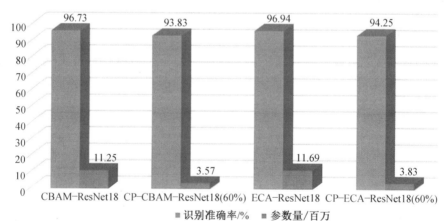

图 6.15   通道裁剪对模型的影响

在实验的过程中,设置裁剪 60% 的通道,图 6.15 中的参数 60% 即表示裁剪掉的通道百分比。从图中可以看出,裁剪前和裁剪后的模型参数量有大幅下降。对于 CBAM-ResNet18 网络模型,参数量从裁剪前的 11.25 百万减少到 3.57 百万,减少了 68.27%。同样,ECA-ResNet18 网络模型参数量由裁剪前的 11.69 百万减少到 3.83 百万,减少了 67.24%。在实验过程中,当通道裁剪的比例超过60%时,模型的识别准确率出现大幅下降,因此本节最多裁剪 60% 的通道。实验结果表明,通道裁剪的方法能够有效减少模型的参数量。

在表 6.2 中,通道裁剪后模型的识别准确率出现下降,为了保证裁剪后模型的整体性能,需要提高模型的识别准确率,第 7 章将会通过知识蒸馏的方法对裁剪后的模型进行识别准确率的提升,并且不改变模型的参数量。

表 6.2　通道裁剪后模型的识别准确率和参数量

网络模型	识别准确率/%	参数量/百万
CBAM-ResNet18	96.73	11.25
ECA-ResNet18	96.94	11.69
CP-CBAM-ResNet18(60%)	93.83	3.57
CP-ECA-ResNet18(60%)	94.25	3.83

6.5　本章小结

本章首先对深度卷积神经网络模型压缩进行了回顾,分析了不同模型压缩的方法。在进行通道裁剪之前,在网络模型中引入注意力机制,提高网络模型的性能,分别对两种注意力机制模型进行对比,分析了注意力机制对模型的影响。然后通过通道裁剪的方法,对引入注意力机制的残差网络结构进行压缩。通过在离线手写汉字识别数据集上进行训练和测试,结果表明,注意力机制能够提高模型的识别准确率,但会造成模型参数量的增加;通道裁剪的方法能够有效减少模型参数量,但导致模型的识别准确率出现下降。

第7章

基于知识蒸馏的深度卷积神经网络模型压缩

7.1 概　　述

　　在深度学习的发展过程中,深度卷积神经网络凭借其强大的特征提取能力和高效的图像处理能力,在手写汉字识别等视觉任务中广泛应用。然而,随着模型的深度和参数量的增加,网络的计算成本和内存需求也大幅提升,给实际应用带来了极大的挑战。为了解决这些问题,模型压缩技术应运而生,知识蒸馏作为一种有效的模型压缩技术,通过将大规模教师模型的知识传递给较小规模的学生模型,可以在保持较高识别精度的同时大幅减少计算资源的消耗。本章将探讨如何通过知识蒸馏技术压缩手写汉字识别中的深度卷积神经网络,重点介绍教师模型与学生模型的设计及训练过程,并对比分析不同蒸馏策略对识别精度与参数量的影响,最终实现网络的高效压缩和性能优化。

7.2 知识蒸馏

　　深度卷积神经网络模型在计算机视觉任务中展现了出色的性能,但具有较高的复杂度,因此将其部署在手机等嵌入式系统上仍然是一项挑战。在考虑新数据时,过参数化提高了泛化性能,这使得更深层次的网络模型具有很好的效果,特别是在大量数据信息的应用中,但在实际的应用场景中往往需要考虑设备的计算能力,设备的内存消耗也应该被充分地考虑。为了解决这一问题,本节提出知识蒸馏的方法,通过在大型教师模型上学习,将学习到的知识指导小型的学生模型,使学生模型具有与教师模型相似的性能。

图 7.1 所示为知识蒸馏的教师-学生框架。从图中可以看出,教师模型是一个复杂的大模型,学生模型是一个简单的小模型,教师模型和学生模型分别对输入数据进行训练,之后对教师模型进行蒸馏操作,以便将教师模型中的知识在学生模型中使用,让学生模型具有与教师模型相似的性能。

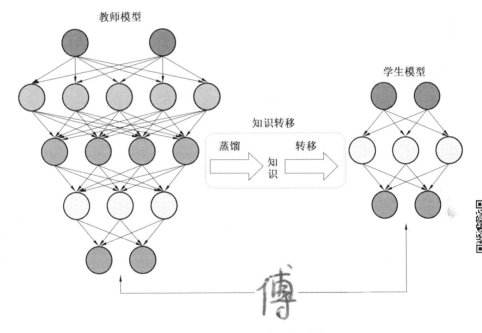

图 7.1　知识蒸馏的教师-学生框架

图 7.2 所示为知识蒸馏的过程。首先对教师模型和学生模型进行训练,分别得到教师模型 Softmax 层输出的软标签与学生模型 Softmax 层输出的真实标签,将二者共同输入到总损失进行计算,得到蒸馏损失。

在进行知识迁移的过程中,通过软目标函数能够获得更好的软标签,软目标函数为

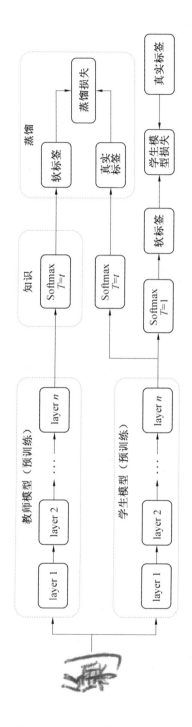

图7.2 知识蒸馏的过程

$$q_i = \frac{\exp \dfrac{Z_i}{T}}{\sum\limits_{j} \exp \dfrac{Z_j}{T}} \tag{7.1}$$

式中，T 为温度参数；Z_i 为输出向量中第 i 个类别的概率；$j \in \{1,2,\cdots,k\}$，其中 k 为总类别数；exp 为指数运算；q_i 为函数得到的软目标输出。

当温度参数 $T=1$ 时，式（7.1）为最初状态的 Softmax 函数；当 $T \to \infty$ 时，所有类的概率分布一样；当 $T \to 0$ 时，软目标变成硬目标。为了能够输出更加平滑的概率分布，通常将温度参数 T 设置得很大。

图 7.2 中，经过训练后，在温度参数 $T=t$ 时，分别得到教师模型和学生模型的损失函数，还得到了 $T=1$ 时正常训练的学生模型与真实标签之间的一个损失值。当输入特征相同时，教师模型和学生模型会分别输出一个软目标，学生模型通过将真实标签和两个软标签作为输入送到交叉熵损失函数中进行权重学习，这个过程可以表示为

$$L = \alpha L^{\text{soft}} + \beta L^{\text{hard}} \tag{7.2}$$

式中，α 和 β 分别为对应损失项的系数，两者之间的关系可以表示为

$$\alpha + \beta = 1 \tag{7.3}$$

式（7.4）和式（7.5）分别表示 L^{soft} 和 L^{hard} 的计算过程。

$$L^{\text{soft}} = H(\sigma(Z_t, T=t), q(Z_s, T=t)) \tag{7.4}$$

$$L^{\text{hard}} = H(y, q(Z_s, T=1)) \tag{7.5}$$

式中，$H(\cdot)$ 为交叉熵函数；y 为数据的真实标签；Z_t 为教师模型经过 Softmax 层输出的分类类别概率；Z_s 为学生模型经过 Softmax 层输出的分类类别概率；$q(\cdot)$ 为软目标函数，其对应式（7.1）；L^{hard} 为 $T=1$ 时经过 Softmax 层的交叉熵；L^{soft} 为与软目标的交叉熵。

对学生模型和教师模型进行 Softmax 层计算时，将学生模型的温度参数和教师模型的温度参数设为一样的值。通过多次实验证明，当温度参数 $T=5$ 时，会得到更好的实验结果。

7.3　教师模型与学生模型

在知识蒸馏的过程中，需要对教师模型和学生模型进行定义，通常情况下，教师模型具有很深的网络结构，而学生模型比较简单。本节将添加了注意力机

制的 ResNet101 作为教师模型,学生模型则是用通道裁剪后的网络,因此得到了教师模型 1（CBAM–ResNet101）、教师模型 2（ECA–ResNet101）、学生模型 1（CP–CBAM–ResNet18（60%））和学生模型 2（CP–ECA–ResNet18（60%））。与学生模型相比,教师模型具有更深的网络结构,因此能够获得更好的结果。在教师模型的指导下,经过知识蒸馏后的学生模型能够在性能上得到大幅提升。

7.4　实验结果与分析

教师模型和学生模型在离线手写汉字数据集上进行训练和测试,网络模型识别准确率和参数量见表 7.1。从表中可以看出,教师模型 1 和教师模型 2 分别具有 98.17% 和 98.35% 的识别准确率,而学生模型 1 和学生模型 2 的识别准确率分别为 93.84% 和 94.25%。在经过知识蒸馏后,蒸馏网络 1 和蒸馏网络 2 分别取得了 97.63% 和 97.87% 的识别准确率。在教师模型的指导下,学生模型的识别准确率有了明显的提升,但参数量没有变化。

表 7.1　网络模型识别准确率和参数量

	网络模型	识别准确率/%	参数量/百万
教师模型 1	CBAM–ResNet101	98.17	43.58
教师模型 2	ECA–ResNet101	98.35	46.77
学生模型 1	CP–CBAM–ResNet18（60%）	93.84	3.57
学生模型 2	CP–ECA–ResNet18（60%）	94.25	3.83
蒸馏网络 1	KD–CP–CBAM–ResNet18（60%）	97.63	3.57
蒸馏网络 2	KD–CP–ECA–ResNet18（60%）	97.87	3.83

如图 7.3 所示,学生模型 CP–CBAM–ResNet18（60%）在教师模型 CBAM–ResNet101 的指导下,学生模型的识别准确率从 93.84% 提高到 97.63%,提高了 3.79%,参数量保持不变。

如图 7.4 所示,学生模型 CP–ECA–ResNet18（60%）在教师模型 ECA–ResNet101 的指导下,学生模型的识别准确率从 94.25% 提高到 97.87%,提高了 3.52%,参数量保持不变。

从上述的实验结果可以看出,知识蒸馏在模型压缩领域表现优秀,在不改变模型参数量的同时提高了识别准确率。教师模型能够有效地指导学生模型,将

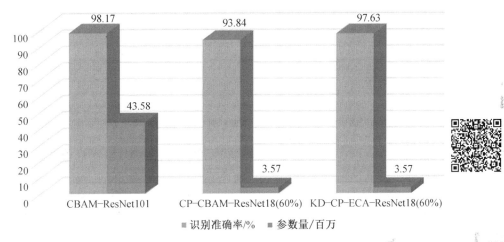

图 7.3　添加 CBAM 残差结构的知识蒸馏

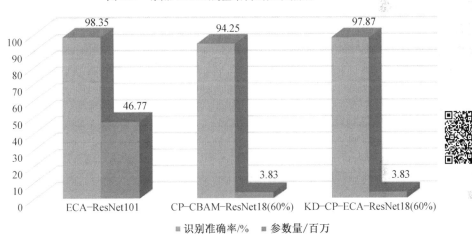

图 7.4　添加 ECA 残差结构的知识蒸馏

学生模型的识别准确率提高,并且知识蒸馏后模型的参数量与学生模型的参数量保持一致。

　　经过知识蒸馏后的网络在识别准确率和参数量上都优于初始的网络。知识蒸馏后的网络 KD－CP－CBAM－ResNet18（60%）和 KD－CP－ECA－ResNet18（60%）比 ResNet18 在识别准确率上分别提高了 1.74% 和 1.98%,参数量分别减少了 68.10% 和 65.8%。能够取得这样优秀的结果,主要有引入注意力机制提高输入图像的特征、通道裁剪减少模型的参数量、知识蒸馏提高模型的识别准确率三种原因,验证了本章提出方法的有效性。

7.5　本章小结

本章使用知识蒸馏对通道裁剪后含有注意力机制的模型进行性能提升。首先介绍了知识蒸馏的过程,并分析了教师模型和学生模型的训练过程。在进行知识蒸馏的过程中,通过对教师模型进行训练,将所学到的知识指导学生模型,从而得到蒸馏网络,将蒸馏网络在离线手写汉字识别数据集上进行训练和测试。实验结果表明,通过知识蒸馏的方法可以将裁剪模型的识别准确率提高,并且不改变学生模型的参数量。

第8章

Transformer 模型基本理论

近年来,Transformer 模型以其强大的自注意力机制(attention mechanism)在多个领域中取得突破,尤其是在自然语言处理和计算机视觉领域。本章首先对 Transformer 模型的总体架构进行介绍,深入分析多头注意力机制(multi-head self-attention,MHSA)的核心原理,并阐述了 Vision Transformer(ViT)模型在图像识别中的应用。随后,本章重点探讨了 Swin Transformer 的结构特点,包括基于移动窗口的自注意力机制、掩码(mask)机制和相对位置编码等核心概念。

8.1 Transformer 模型基础概述

Transformer 模型最早被用在 NLP 领域,并在多项任务中大放异彩,目前已经成为 NLP 领域的首选模型。Transformer 模型被看作是一种新型深度神经网络(deep neural network,DNN)模型,Transformer 模型的最大优势是可以对数据进行并行化操作,其中的关键是利用了自注意力机制。经过近几年的研究与发展,Transformer 模型顺利地应用在计算机视觉处理任务中,并出现了众多不同的变体模型,差不多有上百种。

8.1.1 Transformer 模型总体结构

Transformer 模型于 2017 年问世[24],目的是提高机器翻译等 NLP 任务的性能。通俗来说,机器翻译任务和序列到序列(sequence to sequence)问题类似,就是从一个输入序列到另一个目标序列的转化。面对序列到序列问题,研究者通常利用编码器和解码器(encoder-decoder)结构来处理。同样,Transformer 模型包含了编码器(encoder)和解码器(decoder)两个基本结构,Transformer 模型的整体结构如图 8.1 所示,从图中可以清晰地看出,N_x 为层的重复次数。

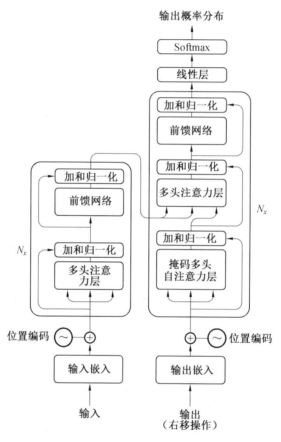

图 8.1　Transformer 模型的整体结构

该框架基本流程和内部基本结构组成,Transformer 模型被分成两个重要模块,分别是图 8.1 中左边部分的编码器模块和右边部分的解码器模块。另外,在编码器和解码器下都会加入位置编码。本节对各个模块和其余层结构进行介绍。

(1)位置编码。

在 Transformer 模型输入时,输入的图像序列在注意力层面临并行处理,这个过程容易忽视各个序列的前后排序位置信息。实际上模型在处理图像序列时,图像序列块的位置信息是至关重要的。为了保留图像序列块的固定位置信息，需要在嵌入层后引入一个位置向量，即加入位置编码（positional encoding，PE）。Transformer 模型里使用的是 sin-cos 位置编码，如式（8.1）和式（8.2）所示。另外，还有两种位置编码也被广泛使用，分别是学习位置编码[25]和相对位置编码。

$$PE_{(pos,2i)} = \sin\left(\frac{pos}{10\ 000^{\frac{2i}{d_{model}}}}\right) \tag{8.1}$$

$$PE_{(pos,2i+1)} = \cos\left(\frac{pos}{10\ 000^{\frac{2i}{d_{model}}}}\right) \tag{8.2}$$

式中，pos 为某一个序列块在所有序列中的位置；$2i$ 为当前位置信息的维度数。

（2）编码器。

编码器模块由六个相同的层重复堆叠组成，即 $N=6$。从图 8.1 中可以看出，编码器中每个层包含两个子层（sublayer）。其中，第一个子层结构非常关键，即多头注意力层（multi-head attention）。第二个子层相对简单，即位置上完全连接的前馈网络层。另外，在每一个层周围使用残差连接[22]，再进行层归一化处理。每个子层的输出可以表示成 LayerNorm(x+Sublayer(x))，其中 Sublayer(x) 是子层本身实现的函数。为了促进残差连接，模型结构中的所有子层和嵌入层都产生维度 $d_{model}=512$ 的输出。

（3）解码器。

解码器也由六个相同的层重复堆叠组成。与编码器模块不同，解码器模块内部含有三个子层：第一个子层为掩码多头自注意力层，用于解码器输入，以确保当前生成的位置只能看到之前的输出；第二个子层为多头注意力层，对编码器堆栈的输出执行多头注意力操作；第三个子层为前馈网络，由两层全连接网络组成，提升每个位置的表示能力。与编码器思路一样，在解码器中每个子层周围同样使用残差连接，并进行层规范化操作处理。

8.1.2　多头自注意力机制

自注意力机制是 Transformer 模型中最具代表性的算法思想，目的是使输入中的每个词向量能够学习与其余词向量之间的权重关系[70-71]。在计算时需要用到 $\boldsymbol{Q}$（查询，query）、$\boldsymbol{K}$（键值，key）、$\boldsymbol{V}$（值，values）。在图像识别中，自注意力机制接收的是图像块的一维向量，计算的是图像块间的关系，而 $\boldsymbol{Q}$、$\boldsymbol{K}$、$\boldsymbol{V}$ 是通过输入的图像块序列进行线性变换得到的。

若输入序列矩阵用 $\boldsymbol{X}$ 进行表示，则可以使用权重矩阵 $\boldsymbol{W}^Q$、$\boldsymbol{W}^K$、$\boldsymbol{W}^V$ 计算得到

Q、K、V。其自注意力运算为

$$\text{Attention}(Q, K, V) = \text{Softmax}\left(\frac{QK^{\text{T}}}{\sqrt{d_k}}\right)V \tag{8.3}$$

式中，d_k 为缩放因子；Attention 为定义的注意力机制；Softmax 为归一化函数；K^{T} 为 K 矩阵的转置矩阵。

式（8.3）被认为是深度学习中注意力机制发展的开端，QK^{T} 计算过程如图 8.2 所示。

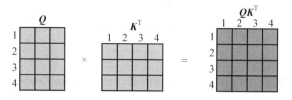

图 8.2 QK^{T} 计算过程

d_k 作用是调节整个算式比值的大小，使得 QK^{T} 的内积不会过大，保证 Softmax 函数可以正常进行归一化，如图 8.3 所示。自注意力机制本质为 Q、K、V 是同一个输入序列通过线性变换得到，然后做自注意力运算，通过式（8.3）得到 QK^{T} 的内积之后，使用 Softmax 计算每一个图像块对于其他图像块的关系概率系数。

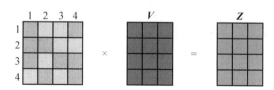

图 8.3 Softmax 函数归一化

式（8.3）中的 Softmax 是对矩阵的每一行进行概率分布计算，即每一行的加和都为 1，过程如图 8.4 所示。得到 Softmax 矩阵之后与 V 矩阵相乘，计算出最终的输出注意力值，计算过程如图 8.4 所示。

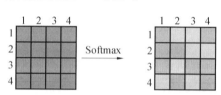

图 8.4 Softmax 与 V 相乘

图 8.4 中 Softmax 矩阵的第一行表示图像块与剩余所有图像块的概率关系

系数,最终图像块 1 的输出等于剩余所有图像块的值与 V_i 矩阵相乘加在一起得到,如图 8.5 所示。

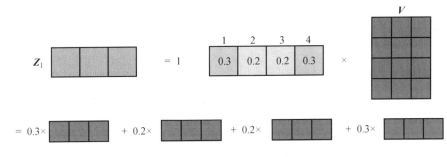

图 8.5　注意力系数相乘

多头自注意力相当于是多个自注意力的集成,其作为 Transformer 模型中最重要的编解码器组成结构,效果表现是非常优秀的,但存在计算量较大的缺点。

相比于自注意力机制,MSA 将输入的序列拆分为几个更小的序列,每一个小的序列单独去做自注意力运算,相当于拆分多个序列,每一个序列都有单独的权重矩阵,如图 8.6 所示。最后将结果相加得到该序列的运算结果,这样做的优势是可以获得更丰富的特征表达与特征间的关系。

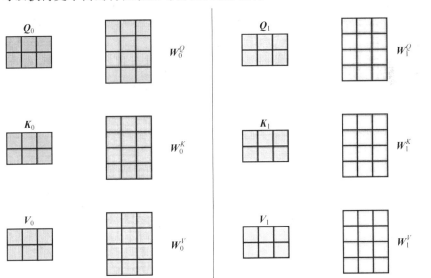

图 8.6　多头注意力分运算

注意力机制是 Transformer 模型的关键构成部件。注意力机制包括以下两步。

(1)输入图像块序列 $X \in \mathbf{R}^{m_x \times d_x}$、$Y \in \mathbf{R}^{m_y \times d_y}$ 通过变换层被投影为不一样的序

列向量,分别是 $\boldsymbol{Q}$、$\boldsymbol{K}$ 和 $\boldsymbol{V}$。其中,输入序列的长度为 m,序列维度为 d。$\boldsymbol{Q}$、$\boldsymbol{K}$ 和 $\boldsymbol{V}$ 表达式为

$$\boldsymbol{Q}=X\boldsymbol{W}^{Q}, \quad \boldsymbol{K}=Y\boldsymbol{W}^{K}, \quad \boldsymbol{V}=Y\boldsymbol{W}^{V} \tag{8.4}$$

式中,$\boldsymbol{W}^{Q}$、$\boldsymbol{W}^{K}$、$\boldsymbol{W}^{V}$ 都为线性矩阵。

此外,$\boldsymbol{W}^{Q} \in \mathbf{R}^{d_x \times d_k}$、$\boldsymbol{W}^{K} \in \mathbf{R}^{d_y \times d_k}$、$\boldsymbol{W}^{V} \in \mathbf{R}^{d_y \times d_v}$。其中,$d_k$ 为 $\boldsymbol{Q}$ 和 $\boldsymbol{K}$ 的维数,$\boldsymbol{V}$ 的维度大小为 d_v。向量 $\boldsymbol{Q}$ 由序列 X 映射获得,序列 Y 投影得到 $\boldsymbol{K}$ 和 $\boldsymbol{V}$,这类不同的序列处理方法属于交叉注意力机制。当输入序列 Y 等于序列 X 时,又能称为自注意力机制。两者的区别是交叉注意力机制一般常见于解码器内部连接,而自注意力机制在编解码器中被普遍利用。

(2)注意力层处理。向量 $\boldsymbol{Q}$ 和向量 $\boldsymbol{K}$ 之间进行点积操作获得自注意力权重。此外,缩放系数是向量 $\boldsymbol{K}$ 的维度 d_k,其作用是防止维度不平稳;缩放后送入 Softmax 函数进行权重归一化处理;与向量 $\boldsymbol{V}$ 点积相乘得到最后的输出注意力向量。

8.1.3 Vision Transformer

2020 年,Vision Transformer(ViT)模型[148]被谷歌团队提出,并被尝试用于视觉任务中。ViT 模型是一种 Transformer 模型,不依赖任何卷积操作。ViT 模型总体框构如图 8.7 所示。

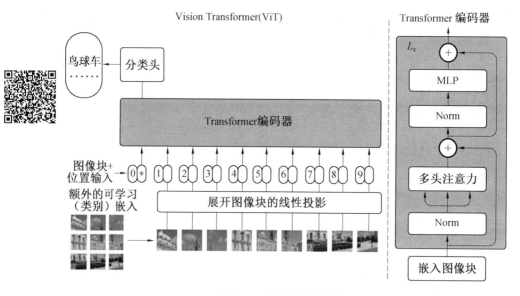

图 8.7　ViT 模型总体框架

由图 8.7 可知,对于任意输入图像 $X_i \in \mathbf{R}^{h \times w \times c}$,为了方便 ViT 模型处理图像,
必须对其进行分割切块操作,即将高度为 h、宽度为 w 的图像切分成尺寸为 $p \times p$
的图像块,其中 p 小于 h 和 w。切块操作后得到的图像块共有 $n = \dfrac{hw}{p^2}$ 个,并且每个
小图像块的维度为 $p \times p \times c$,一般 c 等于 3,即输入图像为三通道彩色图。最重要的
是,每个图像块会经过块嵌入处理。块嵌入处理过程本质上是图像块经过线性
层投影,其作用是实现通道的变换来满足 Transformer 模型的硬性需要。此外,
Transformer 模型还需要在序列向量最前面位置加上一个分类头向量(class
token),并且在所有序列中引入位置编码,分类头向量在分类任务中扮演着学习
的角色。图像序列向量和分类头向量一起被送入 Transformer 编码器模块中,并
在注意力层计算序列块中的相关关系,最终经过切分把分类头向量提出并入
MLP 以输出类别信息。

　　ViT 模型的出现与爆火给视觉任务甚至整个人工智能领域带来了新方向。
ViT 模型是首次利用 Transformer 结构的模型。此外,该模型成功在图像任务中应
用并取得了优秀表现。学术界这一次的大胆尝试为深度卷积神经网络的进一步
发展开辟了新的道路,以及奠定了重要基础。

　　ViT 模型有三种变体,该模型的变体及不同配置见表 8.1。ViT-Large 模型
又分成 ViT-Large/16 和 ViT-Large/32。其中,ViT-Large/16 代表了大型模型变
体且图像块像素大小为 16×16。

表 8.1　ViT 模型三种变体及不同配置[148]

模型	层数	隐藏维度	MLP	头部个数	参数量/百万
ViT-Base	12	768	3 072	12	86
ViT-Large	24	1 024	40 96	16	307
ViT-Huge	32	1 280	5 120	16	632

8.2　Swin Transformer 的基本构造与特点

　　本节介绍了一种称为 Swin Transformer 的新视觉 Transformer 模型,它可以作
为计算机视觉(computer vision,CV)的通用主干。Transformer 模型从语言适应
到视觉方面的挑战来自两个域之间的差异,这些差异体现在视觉实体的不同尺

度,以及相比于文本单词的高分辨率图像像素的巨大差异。为了解决这些差异,可以使用一种层次化(hierarchical)Transformer模型,它表示该模型是用移位窗口(shifted windows)计算的。移位窗口将自注意力计算限制在不重叠的局部窗口,同时还允许跨窗口连接来提高效率。这种模型使用层次化的方法处理输入数据的分层结构具有在各种尺度上建模的灵活性,并且相对于图像,移位窗口具有线性计算复杂度。Swin Transformer模型的特性使其与广泛的视觉任务兼容,包括图像分类和密集预测任务,例如目标检测和语义分割。它在COCO数据集上的性能大幅超越了视觉领域最高水平,证明了基于Transformer的模型作为视觉主干的潜力。分层设计和移位窗口方法也证明了其对MLP结构是有益的。

CV建模一直由CNN主导。从AlexNet和它在图像分类挑战上的突破性开始,CNN结构已通过更大规模、更广泛的连接和更复杂的卷积形式变得越来越强大。随着CNN作为各种视觉任务的主干网络,这些结构的进步促进了性能的提升,并带动了整个领域的发展。另外,在NLP中,网络结构的发展已采取了一条不同的道路,即Transformer架构。为序列建模和转换任务而设计的Transformer,因其注意力机制对数据中的长程依赖性进行建模而闻名。Transformer在语言领域的巨大成功使研究者研究了它对计算机视觉的适应性,它在某些任务上展示了良好的结果,特别是图像分类和联合视觉–语言建模。本节试图扩大Transformer的适用性,使它可以作为CV的通用主干,与NLP和CNN在CV中一样。将在语言领域的高性能迁移到视觉领域是一项显著挑战,这主要是由于语言模态和视觉模态之间存在的差异。

其中一种差异涉及尺度(scale)。与在Transformer中作为处理的基本元素的词元(word token)不同,视觉元素在尺度上可以存在很大差异,这是一个在目标检测等任务中受到关注的问题。在现有的基于Transformer的模型中,词元的尺度是固定的,这是一种不适合视觉应用的性质。另一个差异是图像中的像素分辨率比文本段落中文字的像素分辨率高得多,许多视觉任务(如语义分割)需要在像素级别上进行密集预测,这对于高分辨率图像上的Transformer而言是难以处理的,因为其自注意力的计算复杂度是图像大小的二次方。

为了克服上述问题,Swin Transformer构造了层次化特征图,其计算复杂度与图像大小呈线性相关。Swin Transformer通过从小尺寸图像块开始,逐渐在更深的Transformer层中合并相邻图像块,从而构造一个层次化表示(hierarchical representation)。通过这些层次化特征图,Swin Transformer模型可以方便地利用先进技术进行密集预测,例如特征金字塔网络(feature pyramid network,FPN)或U–

Net。线性计算复杂度是在图像分区的非重叠窗口内,通过局部计算自注意力实现(局部窗口)(而非在整张图像的所有图像块上进行)。每个窗口中的图像块数量是固定的,因此复杂度与图像大小呈线性关系。这些优点使 Swin Transformer 适合作为视觉任务的通用主干,与基于 Transformer 的结构形成对比,Transformer 产生单一分辨率的特征图且具有二次复杂度。

Swin Transformer 的一个关键设计元素是它在连续自注意力层之间的窗口分区的移动(shift),如图 8.8 所示(LN 为层归一化)。移位窗口桥接了前一层的窗口,提供二者之间的连接,显著增强建模能力。这种策略对于现实世界的延迟也是有效的:一个局部窗口内的所有查询片段共享相同的键集合,这有助于硬件中的内存访问。相比之下,早期的基于滑动(sliding)窗口的自注意力方法由于不同查询像素具有不同的键集合,因此在通用硬件上受到低延迟的影响。实验表明,移位窗口方法的延迟比滑动窗口方法的延迟低得多,而建模能力相似。移位窗口方法也被证明对全 MLP 结构有益。

Swin Transformer 在图像分类、目标检测和语义分割的识别任务中取得了强大的性能,它在三个任务上以相似的延迟显著优于 ViT、DeiT 和 ResNeXt 模型。融合 CV 和 NP 的结构可以使视觉和自然语言处理领域受益,因为它将促进视觉和文本信号的联合建模,并且可以更深入地共享来自两个领域的建模知识。希望 Swin Transformer 在视觉问题上的强大表现能够更深入地推动技术融合和跨学科合作在促进技术发展方面的重要性的认识,鼓励视觉和语言信号的统一建模。

Transformer 在 NLP 领域应用十分广泛,但在 CV 领域的应用存在许多困难,这源自两类任务的本质区别。例如,CV 里物体(visual entities/visual elements)尺寸变化很大,模型需要处理不同尺度的同类物体(尤其是在目标检测任务中);而在 NLP 领域,把词元作为基本要素(basic elements),并不存在以上问题,同时图像分辨率高,自注意力如果逐像素计算成本过高(尤其是在像素级分类任务)。

ViT 在图像分类任务中表现出色,但在密集视觉任务(densevision tasks)上表现不佳,并且 ViT 与输入图像大小是平方复杂度关系,计算复杂度过高。本节提出密集视觉任务(Swin Transformer),一个使用移动窗口(shifted window)、具有层级设计的(hierarchical)多功能主干网络(general-proposed backbone)

移动窗口操作(shifted windowing scheme)将自注意力计算限制在不重叠的局部窗口内,大大提升了计算效率,同时允许不同窗口间的交互(cross-window connection);层次结构(hierarchical architecture)具有多尺度建模的灵活性,并且

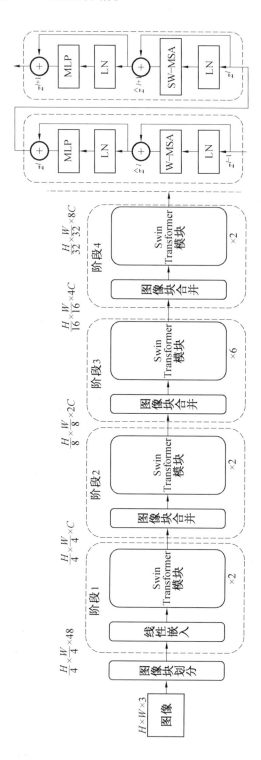

图8.8　Swin Transformer结构和连续2个Swin Transformer模块

具有与图像大小相似的线性计算复杂度,而 ViT 是平方复杂度(自注意力机制是在不重叠的窗口内计算的,并且窗口的大小是固定的,有固定数量的图像块,因此是线性计算复杂度)。

Swin Transformer 在多个视觉任务上表现优异,包括图像分类、目标检测、语义分割,并且在 COCO 目标检测和 ADE20K 语义分割任务上性能超越 SOTA。基于移动窗口的自注意力(shifted window based self-attention,SW-MSA)机制潜力无限,可以进行多种扩展,将其应用在其他任务上。

8.2.1　Swin Transformer 结构

Swin Transformer 最核心的设计是移动窗口(窗口分区的移动),这种移动操作是在连续两个自注意力层之间执行的,移动操作让原本相互独立的窗口之间有了交互(bridge the windows of the preceding layer),从而大大提升了模型建模能力(modeling power),如图 8.9 所示。

移动窗口将自注意力计算限制在不重叠的局部窗口中,加速硬件计算(facilitate memory access in hardware),原因是一个窗口内的查询共享同一组键(key),作为对比,基于滑动窗口的自注意力计算方式中不同查询对应不同键,效率低下。在 Swin Transformer 的设计中,主要包括以下几个模块。

(1)块划分+线性嵌入。首先将 RBG 图像分割为不重叠的图像块,然后把图像块拉直作为词元(token),图像块大小为 4×4,所以每一个词元维度为 4×4×3 = 48,然后做线性嵌入,将特征映射到任意维度(设为 C),假设图像块数量为 N($N = H/4×W/4$),则得到维度为 $N×C$ 的矩阵。

(2)Swin Transformer 模块。如图 8.10 所示,与标准的 Transformer 模块相比,把 MHSA 替换为基于自注意力的窗口移动,并通过特征表示 z 在层间传递。MLP 有两层,激活函数使用 GELU,如图 8.11 所示。

(3)高斯误差函数。将四个相邻的图像块(2×2)融合为一个,通道数增加 4 倍(4C),如图 8.12 所示,然后再加一个线性层,将 4C 降维到 2C。阶段 1 输出分辨率为 $H/8×W/8$;阶段 2 输出分辨率为 $H/16×W/16$;阶段 3 输出分辨率为 $H/32×W/32$。类似于 VGG 和 ResNet,阶段生成了层次表示(produce a hierarchical representation)。

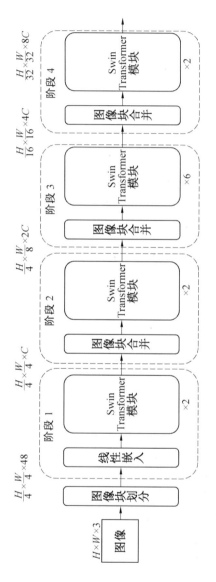

图8.9 Swin Transformer结构图

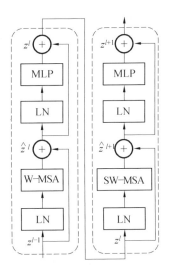

图 8.10　Swin Transformer 模块

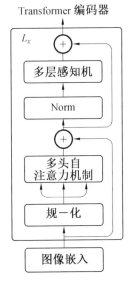

图 8.11　标准的 Transformer 模块

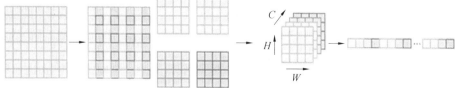

图 8.12　块合并示意图

8.2.2　基于移动窗口的自注意力(SW-MSA)

本节重点介绍基于移动窗口的自注意力。Transformer 和 ViT 通过 MSA 实现全局自注意力,计算量和输入图像大小呈平方复杂度关系,因此很难适用于高分辨率输入图像和密集预测任务。W/SW-MSA 将计算限制在固定大小的窗口内,大大降低了计算复杂度(线性复杂度关系),对于一张大小为 $H×W$ 的图像,假设每一个窗口包含 $H×W$ 个图像块,MSA 和窗口多头自注意力机制(window multi-head self attention,W-MSA)的计算复杂度为

$$\Omega(\mathrm{MSA}) = 4HWC^2 + 2(HW)^2C \qquad (8.5)$$

$$\Omega(\mathrm{W\text{-}MSA}) = 4HWC^2 + 2M^2HWC \qquad (8.6)$$

MSA 与 HW 是平方关系,W-MSA 与 HW 是线性关系。为了进一步了解 MSA 和 W-MSA 的复杂计算,分步骤对其进行详细分析。

(1)代码中的 to_qkv( ) 函数,即用于生成 $\boldsymbol{Q}$、$\boldsymbol{K}$、$\boldsymbol{V}$ 特征向量,其中 $\boldsymbol{Q}=x×\boldsymbol{W}^Q$、$\boldsymbol{K}=x×\boldsymbol{W}^K$、$\boldsymbol{V}=x×\boldsymbol{W}^V$。$x$ 的维度为 (HW, C),W 的维度为 (C, C),因此这部分计算的复杂度为 $3HWC^2$;

(2)计算 $\boldsymbol{QK}^{\mathrm{T}}$。$\boldsymbol{Q}$、$\boldsymbol{K}$、$\boldsymbol{V}$ 的维度均为 (HW, C),因此它的复杂度为 $(HW)^2C$;

(3)Softmax 之后乘 $\boldsymbol{V}$ 得到 $\boldsymbol{Z}$,因为 $\boldsymbol{QK}^{\mathrm{T}}$ 的维度为 (HW, HW),因此它的复杂度为 $(HW)^2C$;

(4)$\boldsymbol{Z}$ 乘 $\boldsymbol{W}^Z$ 矩阵得到最终输出,对应代码中的 to_out( ) 函数,它的复杂度为 HWC^2。

注意力维度为 (HW, C) 的矩阵和维度为 (C, C) 的矩阵运算,复杂度为 HW^2,如图 8.13 所示,矩阵运算共得到 HW 个元素,每个元素是由 C 次乘法得到的(忽略加法)。

W-MSA 限制了计算,但窗口之间缺少交互,限制了建模能力,因此又提出了 SW-MSA,如图 8.14 所示。

从图 8.14 展示了 SW-MSA 和 W-MSA 在不同层的应用,在第 i 层使用的是

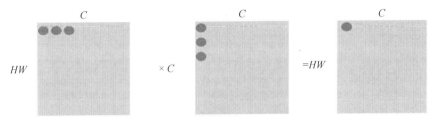

图 8.13 矩阵乘法示意图

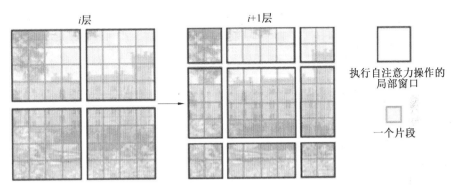

执行自注意力操作的
局部窗口

一个片段

图 8.14 层间窗口移动

常规的 W–MSA,在 i+1 层,分割的窗口(window partitioning)发生移动,生成新窗口,新窗口内的自注意力计算相对于前一层是跨窗口的,因此达到了窗口之间信息交互的作用。注意如果窗口大小为 $M{\times}M$,则窗口移动的距离是 $\lfloor M/2 \rfloor$。

一个 Swin Transformer 模块可以用下式表达:

$$z^l = \text{W–MSA}\left(\text{LN}\left(z^{l-1}\right)\right) + z^{l-1} \tag{8.7}$$

$$z^l = \text{MLP}\left(\text{LN}\left(z^{l}\right)\right) + z^{l} \tag{8.8}$$

$$z^{l+1} = \text{SW–MSA}\left(\text{LN}\left(z^{l}\right)\right) + z^{l} \tag{8.9}$$

$$z^{l+1} = \text{MLP}\left(\text{LN}\left(z^{l+1}\right)\right) + z^{l+1} \tag{8.10}$$

8.2.3 掩码机制

如图 8.14 所示,移动之后会产生大量额外窗口(数量由 $\lceil h/M \rceil \times \lceil w/M \rceil$ $\lceil h/M \rceil \times \lceil w/M \rceil$ 变为 $(\lceil h/M \rceil + 1) \times (\lceil w/M \rceil + 1)$ $(\lceil h/M \rceil + 1) \times (\lceil w/M \rceil + 1)$,并且大小不足 $M{\times}M$,一种做法是填充,将大小补到 $M{\times}M$,同时在计算自注意力时掩码这些填充值,但填充操作会让窗口数量增加,从而增加计算量。在实际代码实现过程中,将这些大小不一的窗口拼接在一起,重新组合成与第 i 层相同大小和数量的窗口,再在这些窗口中执行自注意力运算,具体操作如图 8.15 所示。

拼接之后的问题在于有些窗口内块原本是不相邻的(图 8.15 中不同灰度的

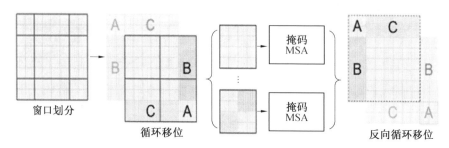

图 8.15　循环移位

块），如果做窗口内的全局自注意力明显不太合理，此时需要设置掩码，保证不相邻的块之间不会做自注意力计算。

8.2.4　相对位置编码

Transformer 中的位置编码由正余弦函数生成，位置编码是不学习的，并且只在第一个层添加位置编码。在 ViT 中，由 1D 索引对应 1 个 768 维的位置编码，位置编码可以学习。而 Swin Transformer 使用的位置编码有两点不同：①位置编码添加的位置不同，加在了自注意力矩阵中；②使用的是相对位置信息，而不是绝对位置信息。

在自注意力机制中，计算 $\boldsymbol{Q}$ 和 $\boldsymbol{V}$ 之间的相似度：

$$\text{Attention}(\boldsymbol{Q},\boldsymbol{K},\boldsymbol{V}) = \text{Softmax}\left(\frac{\boldsymbol{Q}\boldsymbol{K}^{\mathrm{T}}}{\sqrt{d}+B}\right)\boldsymbol{V} \tag{8.11}$$

相对位置偏差矩阵 R 直接加在了自注意力矩阵中，R 的维度与自注意力矩阵相同，即序列长度 x（理解了自注意力矩阵的本质，就很好理解其维度，自注意力矩阵本质是记录序列中每个词元和其他所有词元的自注意力分数/相似度，因此维度必然是序列长度 x）。对于 1 个大小为 2×2 的 4 个像素，其相对位置信息有 4 种，如图 8.16 所示，图中展示的是表示相素相对位置信息的 2×2 矩阵。

如何将这 4 种相对位置信息融入自注意力矩阵中呢，此时自注意力矩阵维度为 4×4，可以将其理解为第一行以像素 1 为原点，第二行以像素 2 为原点，第三行以像素 3 为原点，第四行以像素 4 为原点，然后将 4 个 2×2 矩阵展平，构造 1 个 4×4 矩阵，如图 8.17 所示。

将图 8.17 里的每个数组看作 1 个索引，根据索引取对应的位置嵌入（一维的），如图 8.18 所示。

Swin Transformer 实际更复杂一点，使用的是 2D 坐标。对 2D 坐标矩阵(4×4)进行一系列操作，先加 $M-1$（M 为窗口的边长，窗口的总大小为 $M×M$），再将第

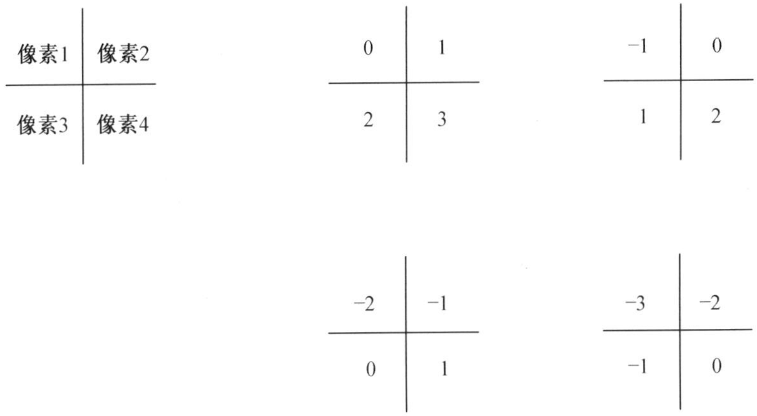

像素1	像素2
像素3	像素4

0	1
2	3

−1	0
1	2

−2	−1
0	1

−3	−2
−1	0

图 8.16　相对位置编码

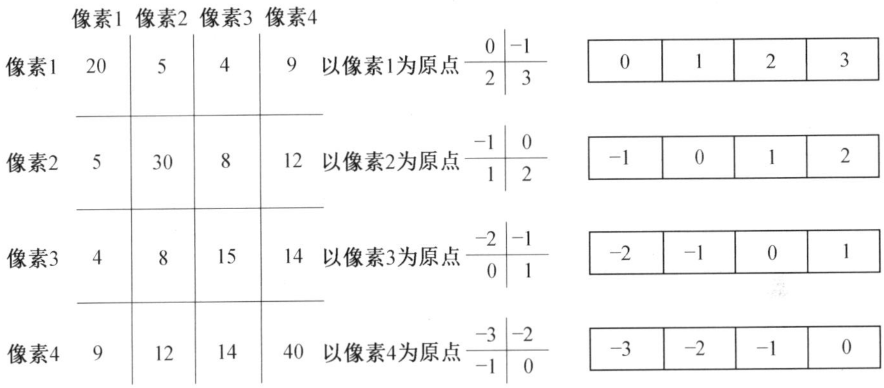

	像素1	像素2	像素3	像素4
像素1	20	5	4	9
像素2	5	30	8	12
像素3	4	8	15	14
像素4	9	12	14	40

以像素1为原点　$\dfrac{0 \mid -1}{2 \mid 3}$　　| 0 | 1 | 2 | 3 |

以像素2为原点　$\dfrac{-1 \mid 0}{1 \mid 2}$　　| −1 | 0 | 1 | 2 |

以像素3为原点　$\dfrac{-2 \mid -1}{0 \mid 1}$　　| −2 | −1 | 0 | 1 |

以像素4为原点　$\dfrac{-3 \mid -2}{-1 \mid 0}$　　| −3 | −2 | −1 | 0 |

图 8.17　相对位置编码矩阵

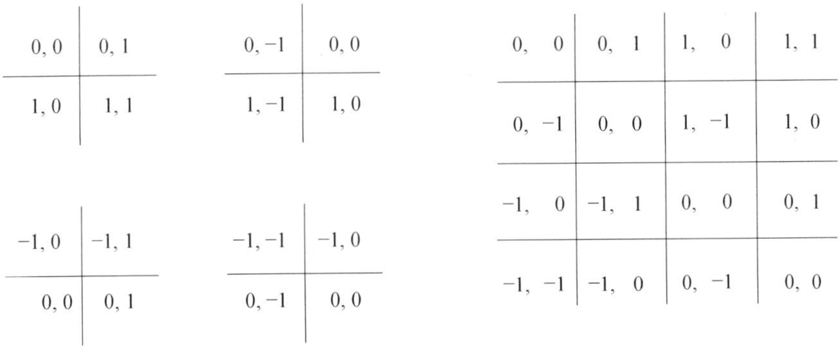

0, 0	0, 1
1, 0	1, 1

0, −1	0, 0
1, −1	1, 0

0, 0	0, 1	1, 0	1, 1
0, −1	0, 0	1, −1	1, 0
−1, 0	−1, 1	0, 0	0, 1
−1, −1	−1, 0	0, −1	0, 0

−1, 0	−1, 1
0, 0	0, 1

−1, −1	−1, 0
0, −1	0, 0

图 8.18　相对位置编码矩阵扩展

0 个维度乘$(2M-1)$,之后将 2 个维度相加,最终得到索引矩阵,根据索引在索引–值矩阵中取值。索引–值矩阵的大小为$(2M-1)×(2M-1)$,如图 8.19 所示。

0维度×$(2M-1)$

0, 0	0,1	1, 0	1, 1
0,-1	0, 0	1,-1	1, 0
-1, 0	-1, 1	0, 0	0, 1
-1,-1	-1, 0	0,-1	0, 0

$M-1$ →

1, 1	1,2	2, 1	2,2
1, 0	1, 1	2,0	2, 1
0, 1	0,2	1, 1	1, 2
0, 0	0, 1	1, 0	1, 1

→

3, 1	3, 2	6, 1	6, 2
3, 0	3, 1	6, 0	6, 1
0, 1	0, 2	3, 1	3, 2
0, 0	0, 1	3, 0	3, 1

$x+y$ →

索引对应到参数

4	5	7	8
3	4	6	7
1	2	4	5
0	1	3	4

$(2M-1)×(2M-1)$

0.2	0.3	0.7	0.1	0.9	0.31	0.74	0.15

	像素1	像素2	像素3	像素4
像素1	20	5	4	9
像素2	5	30	8	12
像素3	4	8	15	14
像素4	9	12	14	40

图 8.19 相对位置编码索引计算

以 2×2 大小的窗口为例(索引–值矩阵的大小为$(2M-1)×(2M-1)$,如图 8.20所示。此时 x 和 y 的范围都是$[-1,1]$,一共有 3 种取值($-1,0$ 或 1),当 x 和 y 组合,最多有 9 种情况,即$(2M-1)×(2M-1)$。

像素1	像素2
像素3	像素4

0	1
2	3

-1	0
1	2

-2	-1
0	1

-3	-2
-1	0

图 8.20 像素相对位置编码

8.3　本章小结

本章介绍了 Transformer 模型的结构和应用,包括其在 NLP 和 CV 领域的成功。通过自注意力机制,Transformer 在机器翻译和文本解析等任务中表现出色。ViT 和 Swin Transformer 在图像分类和目标检测方面展示了强大能力。本章详细分析了 Transformer 的编码器、解码器结构及多头自注意力机制,并介绍了知识蒸馏和特征提取等优化技术。总体而言,Transformer 模型在 NLP 和 CV 领域展示了广阔的前景和巨大的应用潜力。

第 9 章

基于 Transformer 模型手写汉字识别研究

本章聚焦于手写汉字图像识别的 Transformer 模型应用,探讨如何通过并行架构的设计来提升识别性能。通过对 2 路、4 路和 7 路并行 ViT 的研究,本章展示了并行化在捕捉汉字多尺度特征和增强模型学习能力方面的有效性。同时,我们对每种模型的实现细节和优化策略进行深入分析,以展示这些方法在提升手写汉字图像分类中的实际应用效果。

9.1 Transformer 在图像识别中的应用分析

9.1.1 Transformer 模型

Transformer 模型是一种深度学习结构,主要用于处理序列数据,如文本。Transformer 模型由两个主要部分组成:编码器负责处理输入序列;解码器负责生成输出序列。这种设计使 Transformer 模型能够在各种自然语言处理任务中(如机器翻译、文本摘要和问答系统)表现出卓越的性能。

在编码器端,输入序列首先被转换为数字表示,这一步骤通常涉及将文本中的每个字符或词汇映射到一个唯一的数字 ID,例如,中文文本中的汉字会被转换成相应的数字 ID,其次,这些数字 ID 被进一步转换为词嵌入(token embeddings),词嵌入是高维空间中的向量,能够捕捉单词的语义信息。为了保留序列中词汇的顺序信息,还会加上位置编码,位置编码同样是高维向量,与词嵌入相加共同构成最终的输入嵌入(input embeddings)。

经过处理后的输入嵌入被送入多个相互堆叠的自注意力层和前馈神经网络(feed-forward neural networks,FFNN)中。在自注意力层中,模型能够学习输入序列中不同位置之间的依赖关系,这对于理解文本的上下文意义至关重要。前馈神经网络则进一步处理每个位置的表示。

解码器端的处理流程与编码器端类似,但增加了一个注意力机制层,称为交互注意力层。值得注意的是,交互注意力的查询来自解码器端,而 K(key)和 V(value)来自编码器端。数据流经前馈神经网络,同样是堆叠的操作。在交互注意力中,解码器可以访问编码器的输出,这允许解码器在生成输出序列时,参考输入序列的上下文信息。解码器的这种设计使其能够在生成每个输出符号时,考虑整个输入序列的信息。

9.1.2　Transformer 模型中图像转换

在整合图像数据至 Transformer 模型的实践中,主要解决的是二维图像有效转换成模型可处理的一维序列格式。由于原始 Transformer 结构主要面向序列数据处理,如文本,其处理逻辑基于一维序列。相对地,图像数据由二维性质和高密度像素构成,使得直接按像素转换为词元不可行,这将导致计算复杂性和成本的显著增加。

为有效集成图像数据,策略是将图像转换为词元序列,借鉴文本处理方法,但直接转换为词元面临的挑战在于图像像素数量远超文本序列数量。以 $224\times$ 224 灰度图为例,其包含 50 176 个像素点,若每个像素对应一个词元,则序列长度远超传统 NLP 模型(如 BERT)的处理范围,导致计算复杂度和参数量急剧增加。

解决此问题的策略包括两种图像到词元的转换方法。一种方法是将图像切割为较大的、非单个的像素,另一种方法是通过预训练网络(如 CNN)将每个图像块转换为高维向量,视作单个词元,从而显著减少所需处理的序列长度,如将 $224\times$ 224 图像分割为 16×16 像素块,可有效减少序列长度。通过图像块转换得到的词元可与位置编码结合,保留图像空间信息,使 Transformer 模型更高效地处理图像数据,同时避免高复杂度问题。此方法不仅减少计算成本,还利用图像局部特征提升模型对图像内容的理解。

图 9.1 左边的网络结构是最初的卷积神经网络,b 的输出是依次生成的,需要等待前面的 b 生成结束才能继续生成后面的 b;图 9.1 右边的网络结构是 Transformer 中的自注意力机制,可以平行地处理输入序列 $a_1, a_2, \cdots$,并输出对应的序列 $b_1, b_2, b_3, \cdots$,$a_1, a_2, \cdots$ 都是固定维度的向量,代表着图像中的像素信息。

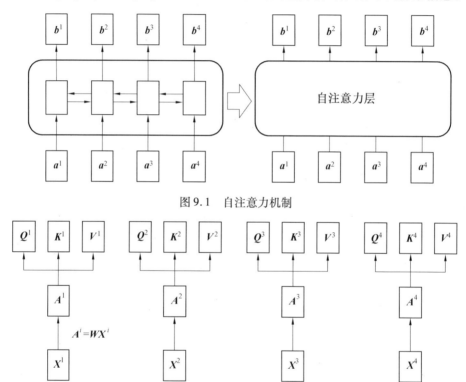

图 9.1   自注意力机制

图 9.2   自注意力机制在汉字识别任务中的应用

每个输入 X^i 都代表一部分汉字图像的特征向量。图 9.2 通过矩阵变换,将每个特征向量 X^i 映射成三个不同的向量:查询向量 Q^i、键向量 K^i 和值向量 V^i。以下是完成注意力机制的计算过程。

(1)映射过程。每个输入特征向量 V^i 通过权重矩阵 W 映射成 A^i,A^i 再分别通过不同的权重矩阵映射成 Q^i、K^i 和 V^i。

(2)计算关联度。查询向量 Q^i 与键向量 K^j 进行点乘,得到标量 $A^{i,j}$,代表第 i 个汉字特征与第 j 个汉字特征之间的关联度。

(3)计算权重。对所有的关联度 $A^{i,j}$ 进行 Softmax 操作,转换为权重 A^i、$A^{i,j}$、A^j,这些权重表示其他特征向量对当前特征向量的贡献程度。

（4）加权求和。将所有值向量 $\boldsymbol{V}^j$ 按照权重 $\boldsymbol{A}^i$、$\boldsymbol{A}^j$、$\boldsymbol{A}^{i,j}$ 加权求和,得到新的特征向量 $\boldsymbol{B}_i$,这个新的特征向量综合了其他特征向量的信息。

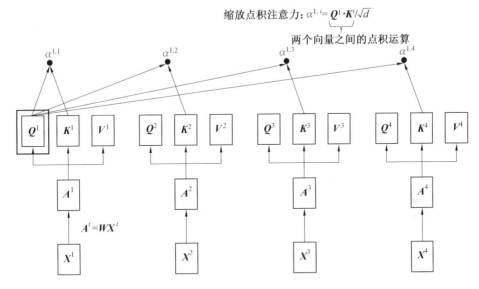

图 9.3　缩放点积注意力机制

前面的步骤与图 9.3 的流程一样,接下来是完成自注意力机制计算的步骤。

（1）生成 $\boldsymbol{Q}$、$\boldsymbol{K}$ 和 $\boldsymbol{V}$ 向量。

每个 $\boldsymbol{A}^i$ 通过三个不同的线性变换生成向量 $\boldsymbol{Q}^i$、向量 $\boldsymbol{K}^i$ 和向量 $\boldsymbol{V}^i$。例如,$\boldsymbol{A}^i$ 生成 $\boldsymbol{Q}^1$、$\boldsymbol{K}^1$、$\boldsymbol{V}^1$,$\boldsymbol{A}^2$ 生成 $\boldsymbol{Q}^2$、$\boldsymbol{K}^2$、$\boldsymbol{V}^2$,依此类推。

（2）计算点积。

图 9.3 中 $\boldsymbol{Q}^1$ 代表第一个汉字图像特征的查询向量。

将 $\boldsymbol{Q}^1$ 分别与所有的键向量 $\boldsymbol{K}^1$、$\boldsymbol{K}^2$、$\boldsymbol{K}^3$、$\boldsymbol{K}^4$ 进行点积,计算它与其他所有汉字图像特征的关联度,得到 $a^{1,1}$、$a^{1,2}$、$a^{1,3}$ 和 $a^{1,4}$。

（3）缩放点积。

点积的结果除以 $\sqrt{d}$,确保结果稳定。

（4）计算自注意力权重。

对每个点积结果 $a^{1,i}$ 进行 Softmax 操作,得到自注意力权重,这些权重表示其他汉字图像特征对当前特征的贡献度。

（5）加权求和。

用自注意力权重对值向量 $\boldsymbol{V}^1$、$\boldsymbol{V}^2$、$\boldsymbol{V}^3$ 和 $\boldsymbol{V}^4$ 进行加权求和,生成新的特征表示,这个新的特征综合了相关汉字图像特征的信息。

在汉字识别任务中,这种自注意力机制可以捕捉到汉字不同部分之间的关系,使模型更好地理解和识别汉字。通过这种机制,模型不仅考虑每个局部特征的信息,还综合了其他相关特征的贡献,从而提升识别的准确性。

在 ViT 模型中,对原始 Transformer 模型结构的适应性调整表现在归一化步骤的变更和去除填充操作。不同于 NLP 应用中的 Transformer 模型,ViT 模型的归一化步骤前置位于自注意力机制和前馈神经网络之前,并且取消了补零操作,确保处理的序列长度的一致性,无须补零,优化了模型处理效率和序列处理的一致性。

9.2 多尺度并行 ViT 模型在手写汉字识别中的应用

9.2.1 图像块嵌入

图像块嵌入是处理流程的第一步,负责将每个手写汉字图像转换成一系列的嵌入向量,输入到 Transformer 模型中,对这些向量进行进一步的处理和分析。通过将图像分割成小块并嵌入高维空间,该模块能够帮助模型捕捉到图像的局部特征,为基于注意力机制的深度学习模型提供适合的输入形式。

将输入的二维图像分割成多个固定大小的图像块,并将每个图像块转换为嵌入向量。本节采用了卷积层来提取图像块,步骤如下。

(1)将输入的 2D 图像分割成固定大小的图像块。输入图像尺寸为 224×224,而图像块大小为 16×16,图像将被分割成一个 14×14 的网格,每个网格中包含一个大小为 16×16 图像块。

(2)将每个图像块通过卷积操作映射为一个低维度向量,这个向量表示对应图像块的特征,它的维度由模型参数中的嵌入维度(embed_dim)决定。设置嵌入维度为 768,那么每个图像块将被映射为一个 768 维的向量。

(3)为了保留图像块在原始图像中的相对位置信息,每个图像块的嵌入向量会与一个位置编码向量相加。位置编码向量采用与嵌入向量相同的维度,通过这种方式,模型不仅可以学习图像的视觉内容,还可以了解各个图像块在图像中的位置关系。

(4)对映射后的向量进行规范化处理,确保输出的稳定性和一致性。规范化处理可以将向量的数值限制在一定的范围内,避免出现过大或过小的值。通过这个过程,输入的 2D 图像被转换成一组低维度的特征向量,这些特征向量被输入到后续的 Transformer 模型中进行处理。通过对每个图像块进行嵌入,并结合位置编码,ViT 模型能够有效地处理和理解汉字图像,捕捉从细微笔画到整体结构的视觉特征。

9.2.2　Transformer 编码块

Transformer 编码块包括多头注意力层和前馈神经网络层。Transformer 编码块的核心是多头自注意力机制。在这个机制中,每个编码块将输入的嵌入向量(代表图像的不同图像块)分散在多个注意力头上,每个自注意力头独立地学习图像块之间的相互关系。这种设计允许模型并行地捕捉不同子空间中的特征关系,增强对图像细节的理解能力。多头注意力层用于捕捉输入序列中的全局信息,而 MLP 则用于进行非线性转换和特征提取。

如图 9.4 所示,Transformer 编码块采用 4 路结构,每路独立处理输入图像的不同分割或特征,并行学习汉字的多个表示。每一路都包含一系列的 Transformer 编码块,这些块按顺序执行以下操作以增强模型的表示能力。

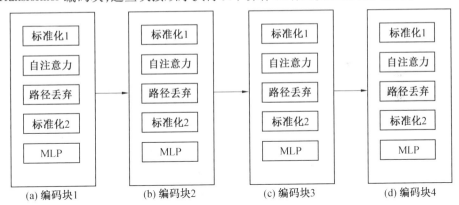

图 9.4　Transformer 编码块

(1)作为预处理步骤,每个编码块的输入先经过层规范化,这对于维持训练过程的稳定性至关重要;接着,通过多头自注意力机制关注输入图像的不同部分,并捕捉汉字内部的复杂空间关系。

(2)为了提高模型的泛化能力,有选择性地在每个块中应用随机深度,通过随机丢弃某些路径来减轻过拟合;之后,数据经过第二次规范化处理,为最后的 MLP 做准备。

9.2.3 MLP

数据通过 MLP 进行进一步的非线性转换,从而提取和合成用于汉字识别的关键特征。

如图 9.5 所示,Transformer 编码块的串联使用,并且结合残差连接的设计,使模型能够深入学习汉字的层次结构和细节,从而在汉字识别任务中取得优异的性能,特别是多头自注意力机制的应用,使模型能够自适应地集中注意力在汉字的关键部分,如笔画、结构和形状等,这对于理解、识别复杂的汉字至关重要。

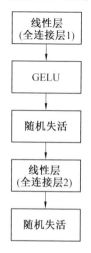

图 9.5　MLP 模块

在实现上,每一路内的 Transformer 编码块由标准化层、多头自注意力、可选的随机深度、再次标准化和 MLP 的顺序堆叠组成。这种结构不仅增加了模型对汉字特征的捕捉能力,还通过残差连接和随机深度技术提高了模型的训练稳定性和泛化性。

9.2.4　多头自注意力

如图 9.6 所示,在 ViT 模块中,MHSA 机制是理解图像内容的核心。它允许模型同时在多个自注意力头上并行处理输入序列,每个自注意力头捕捉输入数据的不同方面。在汉字识别的上下文中,这意味着模型可以同时关注汉字的多个特征,如笔画的形状、部首的布局和整体结构的配置。

在 MHSA 中,输入的特征向量(来自图像块嵌入的向量)首先被分割成多个头。这一步骤通过在嵌入空间内分割特征向量实现,每个自注意力头处理输入

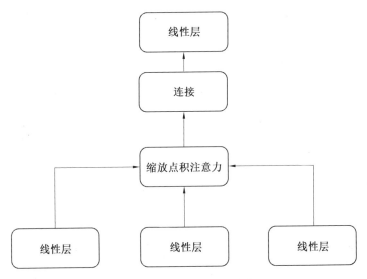

图 9.6　编码器的 MHSA 结构

数据的一个子集。对于每个自注意力头,模型分别计算自注意力得分,这一过程涉及计算 Q、K 和 V。

　　MHSA 模块通过一个线性层将输入特征映射到 Q、K、V 以支持并行处理。在代码实现中,该操作通过一个单一的线性层(self. qkv)完成,后续通过重塑和置换操作将其分配到各自的向量中。

　　在计算自注意力权重之前,首先按照自注意力头数(num_heads)将 Q、K、V 分割,使每个自注意力头处理输入特征的一个子集,从而实现维度的降低和特征的多角度捕捉;其次,通过计算 Q 和 K 的点积,再经过缩放因子(self. scale)的调整,获得了原始的注意力得分;应用 Softmax 函数后,得到了最终的自注意力权重,这些权重用于加权聚合 V 中的信息,实现特征之间的动态关联;最后,通过另一个线性层(self. proj)整合并行自注意力头的输出,完成了 MHSA 机制的实现,该输出被用于后续的汉字识别任务中。

　　在汉字识别任务中,MHSA 能够有效地捕捉局部与全局的特征关系。通过并行处理多个视角的特征,模型不仅可以理解单个汉字笔画的细节,还能够捕捉不同笔画和部首之间的相互作用与组合方式,这种能力对于处理具有复杂结构和丰富变化的文字尤为重要,因为它们的识别不仅依赖于局部特征,还需要理解字符整体结构。

9.3　模型应用实验结果分析

通过采用 4 路并行的 ViT 模型结构,证明以多尺度的方式并行处理图像可以有效提高汉字识别的准确率。每个通道独立地聚焦于不同粒度的视觉特征,共同工作以实现对复杂汉字结构的深入理解。

模型在验证集上达到了 97.3% 的识别准确率,这一结果标志着 4 路并行的 ViT 模型在汉字识别任务上的优势。相比于传统的 CNN 模型,ViT 模型通过利用自注意力机制,能够更灵活地捕捉全局依赖关系,这对于区分视觉上相似的汉字特别有效。此外,与其他基于 Transformer 的方法相比,4 路并行的策略提升了模型对细节和结构的理解能力,从而实现了更高的识别准确率。

9.4　本章小结

本章详细探讨了 Transformer 模型在手写汉字识别中的应用。首先,介绍了 Transformer 模型的基本结构及其在自然语言处理中的成功应用;其次,重点分析了如何将二维图像数据转换为适合 Transformer 处理的一维序列格式,将图像分割为块并嵌入高维向量中;随后,提出了用于手写汉字识别的 4 路并行 ViT 模型,该模型通过多尺度处理图像块,捕捉汉字的多层次特征,显著提高了识别准确率。

第 10 章

并行快速 ViT 模型研究

2017 年之后，Transformer 网络结构成为了应对自然语言处理任务的标准框架，但将 Transformer 结构应用在视觉任务中还有一些限制因素。在一些视觉任务中注意力机制和 CNN 可以结合使用，或者用注意力机制取代 CNN 的一些结构，同时尽量保留卷积整体框架。总体来说，利用注意力机制需要依赖卷积。2020 年，ViT 模型的出现证明了注意力机制对 CNN 的依赖是非必需的。ViT 模型利用 Transformer 直接处理图像块序列，并在图像分类任务中表现优异。网络仅使用编码器中的多头注意力机制，实现图像块之间信息的交互。然而，ViT 模型参数量多，模型复杂度高，处理图像速度慢。为了降低模型参数，同时提升处理图像数据的速度，需要对其结构进行适当优化，因此本章提出了 1 种并行快速 ViT 模型。本章简单介绍了注意力机制和应用，以及在深度学习中的注意力机制模型，并详细介绍了并行快速 ViT 模型在手写汉字中的识别与分类应用。

10.1　注意力机制概述

从关注全部内容到局部重点是注意力机制的核心原理。当人类用眼睛去观察一幅图像时，人的注意力会侧重放在某个局部区域，被多个或一个特征所吸引，从而自动忽略一些不重要的特征，并不会看清它包含的所有信息。

人类视觉注意力表现如图 10.1 所示,这是人类大脑独有的信号处理功能。当人们看到这张图像时,并不会对所有信息具有一模一样的关注度,而是将关注点放在熊猫,即图中线条围绕的区域内,把其他的草地背景内容忽略。

图 10.1　人类视觉注意力表现

同理,研究者们希望网络模型也能拥有与人类一样的视觉注意力,因此提出注意力机制的概念。注意力机制最早被提出是在视觉任务中。2014 年,Mnih 等[127]使用循环神经网络模型和注意力机制相结合,将其用在解决图像分类问题上,这种方法取得了令人震惊的成绩。2015 年,Bahdanau 等[48]第一次尝试把注意力机制用在自然语言处理领域,通过把注意力机制引入序列到序列模型来处理机器翻译任务,最终性能得到了明显提升。总之,注意力机制用途广泛,并且能明显提升网络性能。

10.2　深度学习模型中的注意力机制

注意力机制是生物体独有的 1 种信息获取的能力。人们利用这种能力快速处理所有信息,并找到自己想要关注的目标位置,其本质是有选择地关注所需要的关键信息。注意力机制依据参与度能够细分为 2 种。一种是被迫,不主动地从下到上的注意;另一种是主动,有预知的由上到下的注意。最初,注意力机制的研究主要集中在生物神经领域,用来探究其内部原理,后来人们研究如何让计算机拥有与人一样的视觉注意力。

由于人工智能领域发展火热,各种深度神经网络被广泛使用,但大多数网络会存在问题,不能满足进一步发展的需求,急需开辟出 1 种全新的思路或引入新的模块来处理遇到的问题。注意力机制很快被研究者注意,并尝试将注意力机制与深度神经网络结合来处理一些模型的缺陷。随着第一次的成功使用,利用注意力机制提高模型性能的研究越来越普遍,如图像分类[149]、图像识别[150]和图像分割[151]等视觉任务中。

2018 年 Hu 等[152]发明了 SE 块,它被视为新型的结构单元。将 SE 块堆叠后构成了 SENet 结构,在多个任务中通用。另外,SE 块仅提高了一点点的计算成本但显著提升了现有 CNN 的性能。Woo 等于 2018 年发明了 1 种简洁且高效的卷积块注意力模块,该模块在通道和空间 2 个单独的维度上进行注意力计算。CBAM 模块具有轻量化、可移植性高的特点,能够轻松被嵌入在任何 CNN 结构中。同年,Chen 提出了 1 个新的结构,即双重注意力机制[153],这种机制能够将输入图像的空间信息特征进行融合,使卷积层更轻松地获取全部特征。另外,双重注意力机制使用灵活,引入深度神经网络十分方便,不增加模型的计算量。为了保证模型表现与计算量两者之间的平衡,2020 年天津大学的 Wang 等[119]提出了高效信道注意力模块。作者分析了 SENet 中的通道注意力模块发现降低维度并没有效果。另外,作者发明了 1 种局部跨通道交互方式,这种方法由一维卷积操作实现,并没有降低维度。多组实验证明 ECA 模块中的跨通道策略能够保证模型性能。

10.3　基于并行 ViT 模型的手写汉字识别优化与分类策略

本节主要提出了 1 种用于手写汉字识别分类的并行快速 ViT 模型。并行方法主要分为 2 路并行 ViT(T-ViT)、4 路并行 ViT(F-ViT)和 7 路并行 ViT(S-ViT)。T-ViT 的核心过程包括 4 个主要步骤,其中最关键的处理步骤是图像块分割处理和 Transformer 编码器。另外,F-ViT 和 S-ViT 的核心过程与 T-ViT 的关键过程几乎相同。不同的是,编码器并行的数量和每路编码器的重复次数。本节详细描述了 T-ViT 模型及其核心过程。

10.3.1　T-ViT 模型

T-ViT 模型保留最原始的 Transformer 结构设计。T-ViT 结构中仅使用了原始 Transformer 模型中编码器模块部分。图 10.2 所示为 T-ViT 的完整系统结构。

从图中可以看出,T-ViT 模型主要包括图像块处理、线性嵌入层和位置编

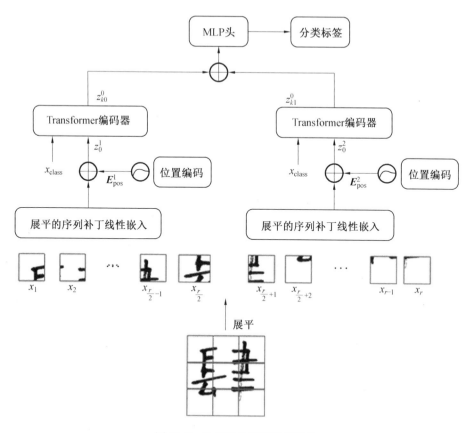

图 10.2　T-ViT 的完整系统结构

码、Transformer 编码器及 MLP 分类处理。当图像序列被馈送到编码器前,原始的长序列被分成 2 个短序列,并在每个短序列前引入 1 个可学习的分类序列,将分类序列送入 2 路编码器中进行注意力计算,最后通过将一系列图像块映射到分类标签来进行分类,这可以加快图像矢量序列的速度。与传统 CNN 结构的不同,T-ViT 模型中的编码器结构使用了多头自注意力机制,允许模型聚焦于图像不同区域的信息,并整合整个图像的有效信息,这可以提高图像识别分类的准确性。

10.3.2　图像块处理

传统 Transformer 的输入通常是带有标记向量的序列,是 1 个二维矩阵。对于任何图像 $x \in \mathbf{R}^{H \times W \times C}$,$H$、$W$ 和 C 分别表示数据集中图像的高度、宽度和通道数,首先需要对图像进行预处理,并将其分割成小图像,这是非常关键的一步,分割后的每个图像块 $x_i \in \mathbf{R}^{Q \times Q \times C}$($Q \times Q$ 是分割后每个图像块的像素);其次,将每个小图像块展平,使得原始图像成为 r 个图像块的序列,序列为 $x_1, x_2, \cdots, x_r$,其中 $r = \dfrac{HW}{Q^2}$,每个图像块的大小一般为 16×16 或 32×32,图像块越小,获得的向量序列越长。

10.3.3　线性嵌入层和位置编码

将原始图像分割成小图像块,每个小图像块经过平坦化和线性嵌入后成为一维向量,并形成长向量序列。模型将长序列切成 2 个短序列,这 2 个短序列都需要由线性嵌入层处理。线性嵌入层的功能是通过可学习嵌入矩阵 $\boldsymbol{E}$ 将图像块序列投影到 D 维向量中,并在 2 个短序列前拼接可学习分类标签 x_{class}。此外,为了保持图像块的空间排列与原始图像的相对位置一致,需要将位置信息 $\boldsymbol{E}_{\text{pos}}^1$ 和 $\boldsymbol{E}_{\text{pos}}^2$ 附加到序列表示,这里的位置信息使用简单的一维位置编码来保留图像块的相对空间位置信息。文献[47]已经被证明,使用一维和二维位置编码对识别准确率的影响非常微弱,但如果不使用位置编码,识别准确率将降低 3% 左右。最后,从图像中获得 2 个嵌入向量序列 z_0^1 和 z_0^2,表达式为

$$z_0^1 = \left[x_{\text{class}}, x_1 \boldsymbol{E}, x_2 \boldsymbol{E}, \cdots, x_{\frac{r}{2}} \boldsymbol{E} \right] + \boldsymbol{E}_{\text{pos}}^1 \tag{10.1}$$

$$z_0^2 = \left[x_{\text{class}}, x_{\frac{r}{2}+1} \boldsymbol{E}, x_{\frac{r}{2}+2} \boldsymbol{E}, \cdots, x_r \boldsymbol{E} \right] + \boldsymbol{E}_{\text{pos}}^2 \tag{10.2}$$

10.3.4　Transformer 编码器

经过线性嵌入层处理之后获得的 z_0^1 和 z_0^2 序列,将这 2 个序列送入 Transformer 编码器中进行操作。编码器层由多个编码器串联组成,但每个编码器内部结构相同,编码器模块如图 10.3 所示。编码器内部主要由多头自注意力和 MLP 两部分组成,还使用了残差连接。MLP 由 2 个线性完全连接的层组成,中间的激活函数使用 GeLU。

此外,在处理多头注意力和 MLP 前会先经历层规范化(layer normalization, LN)处理,表达式为

$$z_k' = \text{MHSA}\left(\text{LN}(z_{k-1}) \right) + z_{k-1} \quad (k = 1, \cdots, n) \tag{10.3}$$

$$z_k = \text{MLP}\left(\text{LN}(z_k') \right) + z_k' \quad (k = 1, \cdots, n) \tag{10.4}$$

在编码器的最后一层被处理之后,分别取序列 z_{k0}^0 和序列 z_{k1}^0 的第一个元素,它们被叠加并传递到 LN 之后的外部分类器,用于预测类标签并识别图像类别,表达式为

$$y = \text{LN}(z_{k0}^0 + z_{k1}^0) \tag{10.5}$$

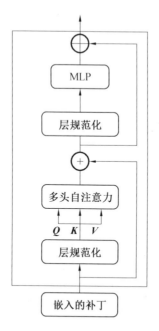

图 10.3　编码器模块

　　Transformer 的关键部件是编码器的 MHSA 结构,如图 10.4 所示。该结构包含 4 层,即 3 个平行的线性层、1 个自注意层、多个自注意力头的连接层和 1 个最终的线性层。MHSA 可以确定嵌入的单个图像块相对于序列中的其他图像块的相对重要性。注意力可以通过自注意力权重来表示,自注意力权重通过计算 $\boldsymbol{Q}$、$\boldsymbol{K}$ 和 $\boldsymbol{V}$ 的点积及序列所有值的加权和来获得的。图 10.5 显示了自注意力层的计算过程。将输入序列的每个元素与 3 个学习矩阵相乘生成矩阵 $\boldsymbol{Q}$、$\boldsymbol{K}$ 和 $\boldsymbol{V}$ 之后,将每个元素的 $\boldsymbol{Q}$ 乘以其他元素的 $\boldsymbol{K}$ 的点积,然后除 $\boldsymbol{K}$ 维度的平方根,并将其发送到 Softmax 函数,将 Softmax 的输出值乘以元素的 $\boldsymbol{V}$ 以获得关注度更高的图像块。计算过程为

$$\text{Attention}(\boldsymbol{Q},\boldsymbol{K},\boldsymbol{V}) = \text{softmax}\left(\frac{\boldsymbol{Q}\boldsymbol{K}^{\mathrm{T}}}{\sqrt{d_k}}\right)\boldsymbol{V} \tag{10.6}$$

　　如图 10.5 所示,MHSA 首先对 $\boldsymbol{Q}$、$\boldsymbol{K}$ 和 $\boldsymbol{V}$ 进行线性变换,并将其输入到缩放的点积关注中进行 h 次注意力计算(h 为多头的设置数量),将 h 倍缩放的点积关注结果拼接,经过线性变换获得最终结果,表达式为

$$\text{Head}_i = \text{Attention}(\boldsymbol{Q}\boldsymbol{W}_i^Q,\boldsymbol{K}\boldsymbol{W}_i^K,\boldsymbol{V}\boldsymbol{W}_i^V) \tag{10.7}$$

$$\text{MultiHead}(\boldsymbol{Q},\boldsymbol{K},\boldsymbol{V}) = \text{Concat}(\text{Head}_1,\cdots,\text{Head}_h)\boldsymbol{W}^O \tag{10.8}$$

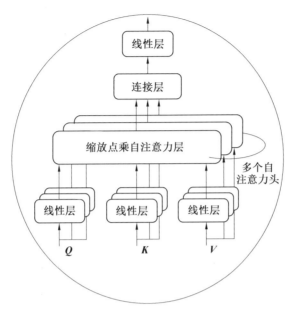

图 10.4　编码器的 MHSA 结构

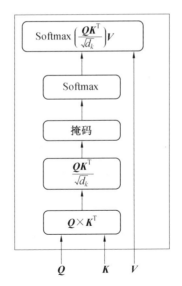

图 10.5　自注意力层的计算过程

10.3.5　MLP **分类处理**

MLP 包括输入层、隐藏层和输出层,可以有多个隐藏层或 1 个隐藏层。MLP 最简单的结构是只有 1 个隐藏层,此时 MLP 只有 1 个简单的 3 层结构,并且层与层之间的神经元是完全连接的。不同数据集对应 MLP 的分类结构不同,MLP 结构如图 10.6 所示,本节使用的 MLP 结构由 2 个线性层和 1 个 tanh 函数组成。

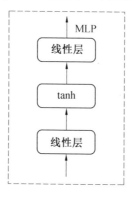

图 10.6　MLP 结构

10.3.6　**数据扩充策略**

对于较大的网络模型,通常需要训练大量数据,模型才会表现出优异性能,具有少量数据的数据集已经不能满足训练需求,因此常常需要 1 种简单且有效的策略来增加数据集中训练样本的数量,从而提高数据的多样性,目前常用的策略是数据扩充。

图 10.7 所示为数据集中的样本应用数据扩充的示例。数据扩充旨在现有训练数据样本的基础上生成额外的训练数据样本。基本的数据扩充方法包括简单的几何变换类型,如翻转、变形缩放、裁剪和颜色变换,以及添加噪声、颜色对比度变换和模糊。本节主要采用模糊、调整图像的亮度和暗度及添加高斯噪声的方法来扩充数据集。通过对数据集的扩充不仅能够提高模型的泛化能力和鲁棒性,而且可以有效地克服训练过程中出现的过拟合问题。

图 10.7　数据集中的样本应用数据扩充的示例

10.4　实验分析与结果

为了验证本章提出的几种快速并行 ViT 模型的性能,在数据集上进行了多组对比实验。本节具体说明实验过程中的环境配置、具体参数设定,并对各个模型的实验结果进行了充分的分析。

10.4.1　实验环境配置

本章所有实验都在同一环境下进行,实验环境参数见表 10.1。

表 10.1　实验环境参数

环境描述	具体参数
电脑系统	Window10
CPU	12th GenIntel(R)Core(TM)i7-9700
内存大小	16 GB
显卡(GPU)	NVDIA GeForce RTX 2060(6 GB+8 GB)
集成开发环境 (integrated development environment,IDE)	Pycharm2019
学习框架	Pytorch1.5.0
加速环境	CUDA10.1
程序语言	Anaconda3(Python3.7.6)

10.4.2 数据集介绍

所有实验都在同一数据集上进行。手写汉字数据集由志愿者手写完成,主要内容是生活中常用的大写数字,并将数据集命名为 DHWDB,DHWDB 数据集的特征见表 10.2。其中,DHWDB 数据集包含 16 个类别,一共有 36 210 张图像,图像大小为 224×224。

表 10.2　DHWDB 数据集的特征

数据集名称	类别数量	图像大小	数据集总数量
DHWDB	16	224×224	36 210

此外,图 10.8 列出了数据集中每个类别的样本示例。不同的人有不同的写作风格,有些人甚至有笔画省略或连续书写的习惯,这种习惯会增加数据集的多样性和丰富性,同时增加汉字识别分类的难度。

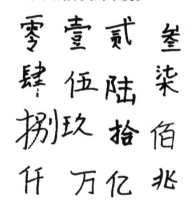

图 10.8　数据集中每个类别的样本示例

10.4.3 实验设置

在验证模型实验中,数据集分为训练集和验证集,训练集和验证集的比例分别占全部数据集的 80% 和 20%。共进行了 3 种不同类型的实验,分别使用 T–ViT、F–ViT 和 S–ViT 模型在数据集上验证。此外,在每种类型的实验中,通过改变编码器重复堆叠的数量研究网络深度和模型性能之间的关系。表 10.3 为实验参数具体设定,本节采用 PyTorch 实现了网络算法流程。输入的原始图像大小为 224×224,图像被划分成 16×16 像素的图像块,可以获得 196 个图像块。当训练数据集时,设定每批次处理 32 个图像,训练次数设置为 300,学习率设置为

0.003,嵌入维数设置为 768,前馈子网络大小设置为 3 072。此外,在实验中使用了随机梯度下降优化算法优化提出的模型。

表 10.3 实验参数具体设定

参数名称	具体值
输入图像尺寸	224×224
图像块大小	16×16
训练迭代次数	300
批处理大小	32
嵌入维数	768
前馈子网络大小	3072
学习率	0.003
优化算法	随机梯度下降

10.4.4 实验结果

本章进行了 3 组模型实验,分别为 T-ViT 模型实验、F-ViT 模型实验和 S-ViT 模型实验。本次实验没有在大型数据集上进行预训练,然后迁移到 DHWDB 数据集进行微调训练,而是直接在 DHWDB 数据集中进行训练。此外,除了编码器堆栈的数量不同之外,实验中其他参数设置都是相同的。多头注意力中的头数与每个编码器的重复次数相同。由于编码器的数量不同,最终模型的分类准确率和参数量也不同。表 10.4 为不同网络模型之间的性能表现,表中清楚地描述了所有模型的实验结果。

表 10.4 不同网络模型之间的性能表现

网络模型	每个通道的编码器数量	参数量/百万	FLOP/G	验证准确率/%
	3	43.11	4.32	98.1
T-ViT	4	57.28	5.72	98.3
	6	85.62	8.52	98.6
	2	57.28	2.94	96.6
F-ViT	3	85.62	4.36	97.3
	6	170.63	8.61	97.7

续表10.4

网络模型	每个通道的编码器数量	参数量/百万	FLOP/G	验证准确率/%
S-ViT	2	99.79	2.99	96.3
	3	148.38	4.43	97.1
	4	198.98	5.86	97.0

当使用 T-ViT 模型训练数据集时,将每个通道的编码器数量设置为3。模型在数据集上的验证准确率达到了98.1%,参数量有43.11百万且浮点运算率(floating point operations persecond,FLOP)为4.32 G。FLOP 是衡量算法的时间复杂度,FLOP 越小,表示模型所需的计算量越小,运行速度更快。当每个通道的编码器数量设置为4时,模型在数据集上的验证准确率达到了98.3%,参数量有57.28百万且 FLOP 为5.72 G。当每个通道的编码器数量设置为6时,模型在数据集上的验证准确率达到了98.6%,参数量有85.62百万且 FLOP 为8.52 G。从表中可以看出,使用 F-ViT 模型训练数据集,当每路的编码器数量增加时,模型参数量和 FLOP 会明显增加,但验证准确率仅有一点点的提高,因此需要衡量多个指标,T-ViT 模型中每路编码器数量设置为3时,模型的效果最佳,既有较低的参数量和 FLOP,模型在数据集上又取得了很高的准确率。

当使用 F-ViT 模型训练数据集时,将每个通道的编码器数量设置为3,模型在数据集上的验证准确率达到了97.3%,参数量和 FLOP 分别为85.62百万和4.36 G。当使用 S-ViT 模型训练数据集时,将每个通道的编码器数量设置为3,模型在数据集上的验证准确率为97.1%,FLOP 为4.43 G,但模型参数量达到了148.38百万。众所周知,模型的复杂度与网络层数和参数量密切相关。与 T-ViT 模型和 F-ViT 模型相比,当参数量和编码器层总数相同时,F-ViT 模型的FLOP 是 T-ViT 模型的 FLOP 的一半左右,因此并行模型可以降低模型复杂度,从而提高图像处理的速度,但并行模型方法不能提高模型的验证准确率。

表10.5清晰地显示了 T-ViT 模型与其他3种模型对比。与其他3种模型相比,T-ViT 具有最少的参数量和 FLOP。此外,T-ViT 模型(每个通道编码器数量设置为3)验证准确率与训练次数的可视化曲线如图10.9所示。

表 10.5 T-ViT 模型与其他 3 种模型对比

模型名称	参数量/M	FLOP/G
ResNet-101	44.70	7.9
Swin-B	88	15.4
CrossViT-18	43.3	9.03
T-ViT	43.11	4.32

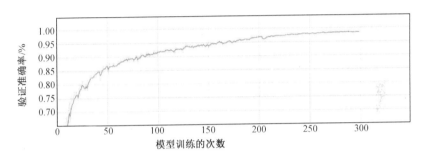

图 10.9 验证准确率与训练次数的可视化曲线

10.5 本章小结

本章主要介绍了注意力机制及其在深度学习中的应用。另外,本章详细介绍了 1 种并行快速 ViT 模型,使用 T-ViT、F-ViT 和 S-ViT 对手写汉字数据集进行比较实验。实验结果表明,3 种模型在数据集上取得了不错的表现,编码器的并行化可以有效地提高模型处理图像的速度,实验结果证明了提出模型的合理性和正确性。

从 2017 年至今,越来越多的研究者对 Transformer 模型进行探究,基于 Transformer 的网络也在计算机视觉任务中展示了一定的效果。然而,Transformer 模型占用内存大、计算资源需求高,阻止了其在资源少的小型设备上的部署和发展,因此学者注重对 Transformer 网络的进行压缩和优化。另外,基于 Transformer 模型的压缩方法十分常见。近年来,越来越多的关于 Transformer 模型压缩的方法出现在人们的视野中,同时取得了不错的进展。其中,有些 Transformer 模型使用压缩后的表现比卷积神经网络使用压缩后的表现好。本章针对 Swin Transformer 模型复杂的结构,对其进行适当的简化,并验证了模型在数据集上的性能表现。

第11章

轻量化 ViT 模型研究

11.1　模型压缩理论

为了解决 Transformer 模型在视觉任务中面临的计算复杂度和资源消耗问题,研究人员提出了多种轻量化策略。

(1)模型剪枝方法包括结构化和非结构化两类。结构化剪枝指去除模型中多余的层或通道,达到模型加速的效果。非结构化剪枝将权重矩阵中不重要的元素删除,获得 1 个稀疏矩阵,以此来减少模型占用内存的空间,这种方式的剪枝常常需要一些硬件的辅助。目前,使用相对普遍的剪枝方法是结构化。

(2)知识蒸馏的核心思路是先训练 1 个大型网络模型,再利用大型网络的输出知识去训练小型网络。知识蒸馏框架一般由 1 个复杂模型(教师模型)和 1 个较小模型(学生模型)组成。这种方法使用教师模型指导和辅助学生模型,教师模型的学习能力很强,可以将其在训练中学到的知识迁移给学生模型。知识蒸馏策略能够增强学生模型的泛化能力,并提高学生模型的性能。

(3)模型量化是工业常用且相对成熟的压缩方法。量化方法通过特定方式实现浮点模型到定点模型的转化,即 float32 的权重换成 int8 权重。模型量化优点是节省内存,提高计算效率,降低精确度。

（4）轻量化网络设计主要针对计算量、参数量等一系列问题，提出高效、轻量的神经网络。

（5）神经结构搜索算法包含搜索空间、搜索策略和性能评估三部分，它不依赖人工的调试，自动搜索设计高性能深度卷积神经网络结构。本质上是 1 个优化算法，通过适当的优化得到 1 个性能最佳的网络结构，但其效率低，搜索出的网络存在缺陷，该种压缩方法使用相对比较少。

11.2　用于手写汉字识别分类的 S–Swin Transformer 模型

11.2.1　S–Swin Transformer 模型

本节提出了 1 种用于手写汉字识别分类的 S–Swin Transformer 模型，该模型简化并压缩了 Swin Transformer 通用框架。S–Swin Transformer 模型结构如图 11.1 所示。与 Swin Transformer 结构相比，S–Swin Transformer 模型只有 3 个阶段，少了 1 个阶段；将模型的注意力窗口增大为 14×14，其目的是在窗口补丁之间实现更多的信息交换。

如图 11.1 所示。首先，输入任意一张图像 $X \in \mathbf{R}^{H \times W \times C}$，其中 H、W 和 C 分别表示图像的高度、宽度和通道数，彩色图像通道数 C 为 3。通过补丁分割模块将原始图像分割成若干个不重叠的图像块，每个不重叠的图像块被视为一个标记。然后将这些令牌送入阶段 1，阶段 1 包含线性嵌入和 S–Swin Transformer 块两部分。标准尺寸为 224×224 的图像被切分成 4×4 的像素块，一共包含 $\frac{H}{4} \times \frac{W}{4}$ 个小图像块，每个图像块的特征维度为 48，图像块经过线性嵌入之后被映射到 C 维度。此外，与标准 Transformer 不同，该模型使用基于移位窗口的注意力模块，其他结构没有变化。S–Swin Transformer 块结构如图 11.2 所示。

阶段 1 和阶段 2 的 S–Swin Transformer 块结构由 2 个连续连接的变压器编码器组成，阶段 3 由 4 个连续连接的变压器编码器组成。不同之处在于阶段 1 包含窗口多头注意力和多层感知机，阶段 2 模块包含移动窗口多头自注意力（shifted window based multi–head self–attention，SW–MHSA）和 MLP。在每个模块之后使用残差连接。此外，在每个 W–MHSA、SW–MHSA 和 MLP 模块之前应用层标准化。

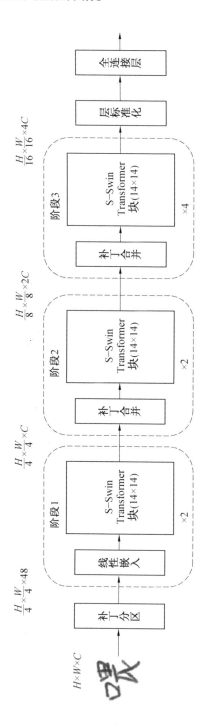

图11.1 S-Swin Transformer模型结构

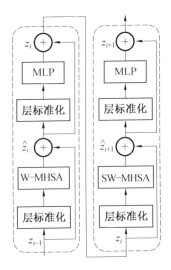

图 11.2　S-Swin Transformer 块结构

阶段 2 由 1 个补丁合并层和 1 个 S-Swin Transformer 块层组成。随着网络模型的深化,补丁合并层合并了 4 个相邻的 4×4 图像块,然后将补丁像素调整为 8×8,每个 8×8 的图像块补丁被看作是一个标记,图像共有 $\frac{H}{8} \times \frac{W}{8}$ 个标记,输出维度被映射为 2C。补丁合并层和 S-Swin Transformer 块层构成阶段 3,与阶段 2 的组成结构一样,补丁合并层合并了 4 个相邻的 8×8 图像块,然后将补丁像素调整为 16×16,每个 16×16 的图像块补丁被看作是一个标记,图像共有 $\frac{H}{16} \times \frac{W}{16}$ 个标记,输出维度被映射为 4C。此外,与阶段 2 相比,Swin Transformer 块层已经增加了 1 倍,模型中的图像块补丁尺寸变化示意图如图 11.3 所示。

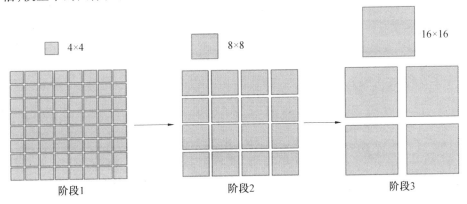

图 11.3　图像块补丁尺寸变化示意图

11.2.2 窗口注意力

标准 Transformer 结构中的多头注意力模块以全局自注意力的方式来处理图像,其中计算某个令牌与所有其他令牌之间的相关性直接导致模型计算密集,运算量大。S-Swin Transformer 模型运用了窗口注意力和移动窗口注意力,两种方法连续使用。如图 11.3 所示,S-Swin Transformer 块结构中包含窗口多头注意力和移动窗口多头注意力。此外,将注意力窗口扩大,窗口注意力的作用是在设置大小的窗口中计算包含补丁的自注意力。如果窗口设置为 $N \times N$,则表示窗口中有 $N \times N$ 个小图像块。在 S-Swin Transformer 模型中,N 设置为 14,与计算所有补丁之间的注意力关系相比,窗口注意力大大减少了计算工作量。然而,窗口关注模块缺乏窗口之间的信息交互,这导致模型的建模能力较差。转移窗口注意力的目的是解决 1 个窗口与其他窗口间的补丁之间缺乏相互关系的问题,它允许通过自注意力计算获得更多的补丁信息,增强模型的建模能力。连续 S-Swin Transformer 块层计算如下:

$$\hat{z}_i = \text{W-MHSA}(\text{LN}(z_{i-1})) + z_{i-1} \tag{11.1}$$

$$z_i = \text{MLP}(\text{LN}(\hat{z}_i)) + \hat{z}_i \tag{11.2}$$

$$\hat{z}_{i+1} = \text{SW-MHSA}(\text{LN}(z_i)) + z_i \tag{11.3}$$

$$z_{i+1} = \text{MLP}(\text{LN}(\hat{z}_{i+1})) + \hat{z}_{i+1} \tag{11.4}$$

11.3　实验分析与结果

11.3.1 实验环境配置

实验环境的具体参数在 8.4.1 章节已经详细介绍,本节不再叙述。

11.3.2 数据集介绍

著名的离线手写汉字公共数据集 CASIA-HWDB1.1[154] 包含 3 755 个类别。每 1 个汉字都是由 300 个书写者书写完成的。CASIA-HWDB1.1 数据集中的图像总数非常庞大,接近 90 万张图像。然而,根据研究者以往的经验,数据量的大小既有优点又有缺点。训练时使用更多的训练数据可以带来更高的识别准确率,但过多的训练数据会影响模型的训练效率。使用的训练数据越多,获得的识别准确率理论上就会更高,反之,由于大量的训练数据,模型的训练效率会降低,训练时间会变长。最重要的是,由于实验室设备的限制,本次实验从庞大的 CASIA-HWDB1.1 数据集中选择了一些常用汉字组成了用于本章实验的最终数据集,这个数据集被命名为 T-HWDB1.1,一共有 300 个类别,共有 104 105 张图像,T-HWDB1.1 也被随机分为 80% 的训练集和 20% 的验证集,具体的数据集特征见表 11.1。

表 11.1　数据集特征

数据集	总类别	图像总量	训练集比例	验证集比例
T-HWDB1.1	300	104 105	80%	20%

图 11.4 所示为数据集中一些类别的图像举例。从图中可以看出,汉字是由许多不同的笔画组成的。此外,这些都是人们在生活中经常使用的、比较具有代表性的汉字。图 11.5 所示为汉字书写风格的多样性,每一列表示同一字符是由不同的人书写。从图中可以看出,每个人都有自己独特的书写习惯。即使是同一个汉字,不同的人写出来也有会很大差距。有些人书写时会将笔画连续或缩写,这种书写方式会对结果造成很大影响。

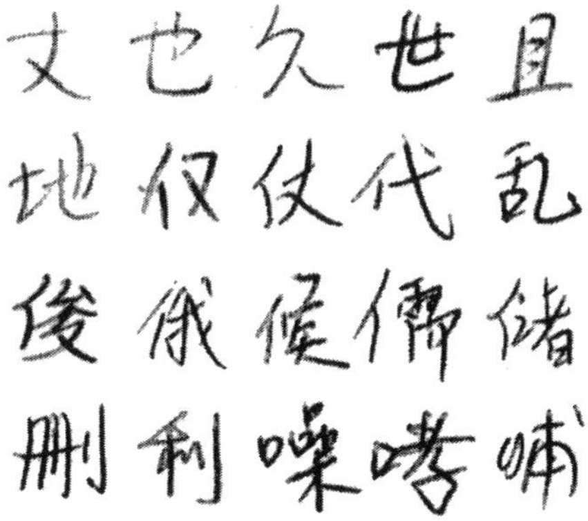

图 11.4　数据集中一些类别的图像举例

图 11.5　汉字书写风格的多样性

11.3.3　实验设置

首先,为了让实验比较公平和有效,将实验中所有模型的超参数设置为恒定值,实验参数具体设置见表 11.2。在训练和验证过程中,所有输入图像的大小调整为 224×224,批量大小设置为 8 张图像,训练迭代次数为 300,学习率大小设置为 0.000 1,窗口大小设置为 7×7 或 14×14 两种。在训练过程中使用随机失活,随机失活参数设置为 0.1。使用随机失活的目的是可以有效避免训练过程中的过拟合问题,并提高模型的泛化性能。

表 11.2　实验参数具体设置

参数名称	具体值
图像大小	224×224
批量大小	8
训练迭代次数	300
学习率	0.000 1
随机失活	0.1

11.3.4　实验结果

不同模型的性能表现见表 11.3,表中详细记录了多个模型的注意力窗口大小、验证准确率、参数量和 FLOP。从实验结果来看,AlexNet 和 VGG-16 网络在 T-HWDB1.1 上都实现了 95.10% 的验证准确率。与 S-Swin Transformer(窗口大小为 14×14)模型的验证准确率相比,它们的验证准确率低了 0.60%。AlexNet 和 VGG-16 网络的参数量分别比本章提出的 S-Swin Transformer(窗口大小为 14×14)模型多 650 万和 12 679 万,并且 AlexNet 和 VGG-16 的 FLOP 分别为 0.30 G 和 15.40 G。此外,当使用 Swin Transformer 模型将注意力窗口大小设置 为 7×7 时,实验的最终结果实现了 95.10% 的验证准确率,网络的参数为 2 770 万,FLOP 为 4.30 G。使用本章提出的简化 S-Swin Transformer 模型,将注意力窗 口大小设置为 7×7 时,网络在数据集上进行 300 次迭代的实验,最终的验证准确 率达到了 95.40%,参数量显著减少(只有 869 万个),FLOP 仅为 2.90 G。与注 意力窗口大小为 7×7 的 Swin Transformer 模型相比,S-Swin Transformer 模型(窗 口大小为 7×7)验证准确率提高了 0.30%,参数量减少了 1 901 万个,FLOP 降低 了 1.40 G。此外,与 7×7 窗口大小的 Swin Transformer 模型相比,注意力窗口大 小为 14×14 的 Swin Transformer 模型,参数大小和 FLOP 没有发生改变,验证准确 率提高了 0.30%。

表 11.3   不同模型的性能表现

网络模型	注意力窗口大小	验证准确率/%	参数量/百万	FLOP/G
AlexNet	—	95.10	15.19	0.30
VGG-16	—	95.10	135.48	15.40
Swin Transformer	7×7	95.10	27.70	4.30
S-Swin Transformer	7×7	95.40	8.69	2.90
Swin Transformer	14×14	95.40	27.70	4.30
S-Swin Transformer	14×14	95.70	8.69	2.90

当将 S-Swin Transformer 模型注意力窗口大小更改为 14×14 时,模型具有 869 万的参数量和 2.90 G FLOP,最终网络在数据集上验证准确率达到了 95.70%,这个验证准确率是本次实验所有模型中验证准确率最高的。与注意力 窗口大小为 7×7 的 S-Swin Transformer 模型相比,2 种模型的参数量和 FLOP 大 小相同,模型验证准确率提高了 0.30%。同时,与注意力大小设置为 14×14 的 Swin Transformer 模型相比,S-Swin Transformer 模型(注意力窗口大小为 14×14) 的参数量减少了 1 901 万,FLOP 减少了 1.40G,验证准确率有了 0.3% 的微弱提 高。总之,本章提出的网络模型取得了很好的性能表现。

最后,通过可视化工具 Tensorboard 记录了整个验证过程的结果。当实验迭 代 300 次时,S-Swin Transformer 模型(注意力窗口大小为 14×14)的验证准确率达到了 95.70%。图 11.6 所示为 S-Swin Transformer 模型(注意力窗口大小为 14×14)验证准确率与迭代次数关系曲线。验证过程中 S-Swin Transformer 模型迭代次数与损失函数关系曲线如图 11.7 所示。当迭代次数设置为 300 时,损失函数值达到最小。最重要的是,在一定数量的迭代实验之后,网络的验证准确率并不会随着迭代次数的增加而增加,而是始终保持在最优准确率。

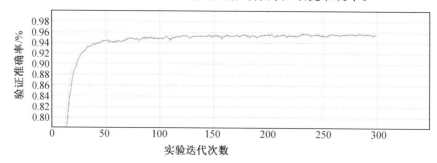

图 11.6 S-Swin Transformer 模型(注意力窗口大小为 14×14)验证准确率和迭代次数关系曲线图

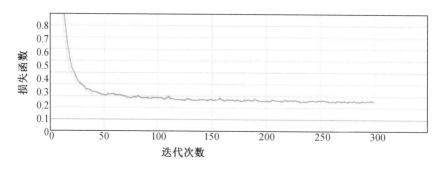

图 11.7 S-Swin Transformer 模型迭代次数与损失函数关系曲线

11.4 轻量化的卷积神经网络

卷积神经网络模型发展日益加速,在众多任务中获得了巨大的成功。然而,随着研究的慢慢推进,大多数网络模型会产生众多的问题,最普遍的问题是参数冗余和计算量大,这些问题限制模型在深度学习领域的进步与应用。为了有效应对这些问题,轻量化的卷积神经网络模型应运而生。近几年,学者对卷积神经网络的轻量化模型的关注度非常高,许多具有代表性的轻量化网络陆续进入人们的视野中。其中,最经典的模型是 MobileNet,这个模型是谷歌团队于 2016 年针对移动端提出来的。MobileNet 是 1 种高效的轻量级网络,为卷积神经网络移植在嵌入式设备带来了曙光。MobileNet 利用分解卷积的方式,这种结构大大降低了模型计算量。2018 年,旷视科技和清华大学的 Ma 等在 ShuffleNetV1 结构基础上设计了 ShuffleNetV2 模型[155],证明了当输入特征通道数等于输出特征通道数时,ShuffleNetV2 模型内存使用最小。另外,使用组卷积能降低复杂度,但不能分组过多。最终,ShuffleNetV2 模型在图像分类任务中的准确率比 ShuffleNetV1 高。2018 年,谷歌团队提出了 MobileNetV2 模型[156],他们对 MobileNet 进行了优化升级,在原来的网络结构中引入倒残差连接,模型使用线性层代替非线性函数,有效防止特征的丢失。MobileNetV2 比 MobileNetV1 有更好的性能表现,同时 MobileNetV2 结构更复杂,具有更好的鲁棒性。谷歌团队在 MobileNetV2 中采用了结构搜索方法,通过搜索寻找模型的最佳超参数,同时引入挤压激励结构,并将这种模型称为 MobileNetV3[142]。

11.4.1　用于手写汉字识别分类的轻量化 ViT 模型

随着网络模型结构重复层加深,模型最后的重复层结构对性能没有作用,并产生冗余的参数。为了解决参数量多的问题,同时让模型更易在嵌入端进行训练,本章提出了 1 种应用于手写汉字识别分类的轻量级 ViT(LW–ViT)模型,该模型受 MobileViT[143] 的启发,并在其结构的基础上进行了适当优化,LW–ViT 模型的总体结构如图 11.8 所示。

与 MobileViT 结构相比,本节提出的 LW–ViT 缺少了 MV2 层和 LW–ViT 块。其中,MV2 层是 MobileNetV2[156] 中的反向残余块。实验充分证明,LW–ViT 模型不仅在减少模型的参数量方面有效,而且也减少了 FLOP。最重要的是,LW–ViT 模型有效地实现了期望的实验准确率。

11.4.2　轻量化 ViT 模型

从图 11.8 可以看出,该结构主要由普通卷积、MV2 模块和 LW–ViT 块组成,其中核心结构是 LW–ViT 块。原始输入图像是 $y \in \mathbf{R}^{H \times W \times C}$,$H$ 和 W 分别表示图像的高度和宽度,C 表示图像通道的数量,对于彩色图像,$C=3$,对于灰度图像,C 为 1。在本章实验中,$H=W=224$,$C=3$。LW–ViT 由 3×3 卷积层处理;步长设置为 2,图像高度和宽度分别变为 $\dfrac{H}{2}$ 和 $\dfrac{W}{2}$,然后通过一系列 MV2 层和 LW–ViT 块操作处理图像类别。MV2 层结构如图 11.9 所示,这是 MobileNetV2 中的反向残差块结构,主要包含 1×1 卷积、3×3 卷积和 BN 层。此外,在个别 MV2 层结构中需要下采样,即步长等于 2。

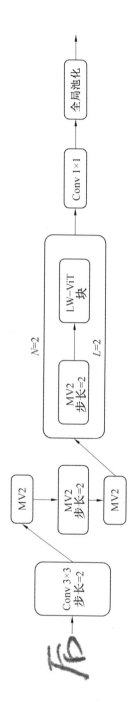

图11.8 LW–ViT模型的总体结构

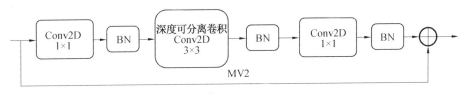

图 11.9　MV2 层结构

11.4.3　轻量化 ViT 块结构

LW-ViT 块结构如图 11.10 所示。从图中可以看出,对于处理过的特征图 $Y \in \mathbf{R}^{H \times W \times C}$,图像数据由 2 个卷积层处理(3×3 标准卷积层和 1×1 卷积层),产生 $Y_p \in \mathbf{R}^{H \times W \times d}$ 的图像特征。3×3 卷积层的目的是提取局部空间特征信息,1×1 卷积层的目的是改变特征信息的通道数,即将通道 C 调整为通道 d,其中 $d > C$。为了使模型学习全局表示,通过展开运算将 $Y_p \in \mathbf{R}^{H \times W \times d}$ 扩展为 N 个非重叠补丁片 $Y_v \in \mathbf{R}^{M \times N \times d}$,$M = H_1 W_1$、$N = \dfrac{HW}{M}$ 为补丁的数量,H_1 和 W_1 分别为每个补丁的高度和宽度,d 为补丁的通道数,其中 $H_1 = W_1 \leqslant N$。L 层标准 LW-ViT 主要使用多头注意力机制计算单个令牌之间的相关性,一共处理每个令牌 $m \in \{1, 2, \cdots, M\}$。经过 LW-ViT 处理后直接折叠运算产生 $Y_u \in \mathbf{R}^{H \times W \times d}$,然后在 1×1 卷积层之后,将信道数更改为 C,并再与特征图 $Y \in \mathbf{R}^{H \times W \times C}$ 在通道上进行叠加(就是通道数加倍),最后在 3×3 卷积层之后处理,产生 $O \in \mathbf{R}^{H \times W \times C}$。通过原理分析得出 LW-ViT 的有效感受野为 $H \times W$,有效减少了模型的计算工作量。

11.4.4　实验分析与结果

1. 实验环境配置

本章所有模型的验证实验都在统一环境配置条件下进行,详细的实验环境参数配置见表 11.4。

2. 数据集介绍

本章实验使用的数据集和前面章节实验使用的数据集相同,数据集名称为 T-HWDB1.1。数据集一共有 300 个类别,所有类别共有 104 105 张数据图像,其他关于数据集详细内容描述见 11.3.2 节。

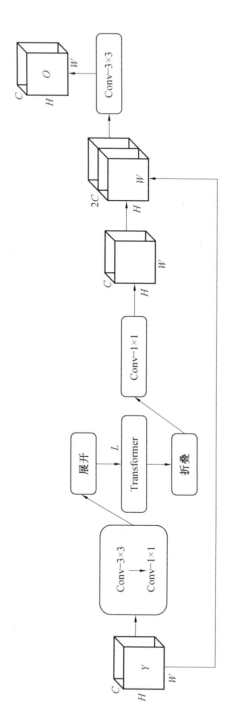

图11.10 LW-ViT块结构

表 11.4　实验环境参数配置

环境描述	具体参数
电脑系统	Window10
CPU	12th GenIntel(R)Core(TM)i7–12700
内存大小	32 GB
显卡(GPU)	NVDIA GeForce RTX3090(24 GB+16 GB)
集成开发环境(IDE)	Pycharm2021
学习框架	Pytorch1.12.0
加速环境	CUDA11.6
程序语言	Anaconda3(Python3.7.0)

3. 实验设置

首先,参数的设置对模型的结果表现异常重要,参数的微小变化会对实验结果产生很大影响。在实验进行的过程中,为了找到模型的最佳识别分类准确率,对超参数进行了多次修改。通过比较实验结果准确率,得到了一组最佳的参数设置,最佳参数设定见表 11.5。在训练时,所有的输入图像尺寸都被调整为 224×224 的输入,批处理大小设置为 64 张,即一次传入 64 张图像。学习率设置为 0.002。为了避免网络训练期间出现过拟合的问题,随机失活参数被设置为 0.1,同时随机失活可以提高网络的泛化能力。最后,实验训练的轮数一共为 100 次。

表 11.5　最佳参数设定

参数描述	详细值
输入图像尺寸	224×224
批处理大小	64
学习率	0.002
随机失活	0.1
训练轮数	100

4. 实验结果

不同模型的性能表现见表 11.6,该表清楚地记录了各个模型参数量、FLOP,以及在 T–HWDB1.1 数据集上的准确率。从表中可以看出,MobileNetV2 的参数量和 FLOP 分别为 260 万和 0.32 G,在数据集上的验证准确率达到 96.5%,验证准确率是 4 个模型最高的。MobileNetV3 参数量为 180 万个,FLOP 为 0.06 G,验证准确率达到了 95.6%。MobileViT 的参数量和 FLOP 分别为 104 万和 0.27 G,在数据集上实现了 96.4% 的验证准确率。

在验证准确率方面,本章提出的 LW−ViT 在数据集上的验证准确率为 95.8%,是 4 个模型中最低的。然而,衡量模型的好坏不能简单地通过模型准确率一个方面,而应该综合考虑模型的多个性能指标,例如模型的参数量和 FLOP 大小等,本章提出的 LW−ViT 是所有模型中参数量最少的,只有 48 万个。与 MobileNetV2 相比,LW−ViT 在参数量和 FLOP 2 个指标上都有下降,LW−ViT 的参数量减少了 212 万,参数明显减少,FLOP 也减少了 0.1G。与 MobileNetV3 相比,LW−ViT 在参数量和验证准确率上有优势,LW−ViT 的参数量少 132 万,同时验证准确率高了 0.2%,然而 LW−ViT 的 FLOP 比 MobileNetV3 多 0.16 G。与 MobileViT 相比,LW−ViT 参数量减少 53.8%,降低了一半多。此外,LW−ViT 模型 FLOP 为 0.22 G,比 MobileViT 低了 0.05 G。因此,结合各方面的技术指标,本章中提出的 LW−ViT 相对最优,实验结果证明了模型的有效性。

表 11.6　不同模型的性能表现

网络名称	参数量/百万	FLOP/G	验证准确率/%
MobileNetV2	2.60	0.32	96.5
MobileNetV3	1.80	0.06	95.6
MobileViT	1.04	0.27	96.4
LW−ViT	0.48	0.22	95.8

11.5　本章小结

本章介绍了几种常见的轻量化卷积神经网络,并提出了 LW−ViT 模型,旨在解决模型参数量过大的问题,使其更易嵌入小型设备中。实验结果表明,LW−ViT 模型在数据集上取得了令人满意的精度,与一些轻量化卷积神经网络相比,LW−ViT 在参数量和 FLOP 上均有一定的优势,尤其在参数量方面表现尤为突出。随着存储和计算资源的逐渐减少,轻量化模型的研究显得尤为重要,本章提出的 LW−ViT 模型为该领域的进一步研究提供了有价值的参考。

第 12 章

深度脉冲神经网络模型基本理论

近年来,脉冲神经网络作为第三代神经网络,逐渐受到了广泛关注。不同于传统的人工神经网络(artificial neural network,ANN),SNN 在计算过程中结合了时间域信息,使其能够更真实地模拟生物神经元的动态行为。这一特性使得 SNN 在实现高效神经网络计算的同时,具备了对复杂时空任务的强大处理能力,如动态视觉感知和时序数据分析。本章首先介绍了 SNN 的基本概念和工作机制,分析了神经元模型及其动态特性;接着探讨脉冲传播机制,以及 SNN 常用数据集、评价指标和算法。

12.1 脉冲神经网络介绍

SNN 属于第三代神经网络模型,实现了更高级的生物神经模拟水平。除了神经元和突触状态之外,SNN 还将时间概念纳入了其操作之中,是一种模拟大脑神经元动力学的很有前途的模型。

1. 第一代神经网络

第一代神经网络又称为感知器,它的算法只有两层(输入层和输出层),主要是线性结构。它不能解决线性不可分的问题,对稍微复杂的函数都无能为力,如异或操作。

2. 第二代神经网络：BP 神经网络

为了解决第一代神经网络的缺陷，20 世纪 80 年代，Rumelhart、Williams 等提出第二代神经网络多层感知机。与第一代神经网络相比，第二代神经网络在输入层之间有多个隐藏层的感知机，可以引入非线性的结构，解决了之前无法模拟异或操作的缺陷。

第二代神经网络让科学家们发现神经网络的层数直接决定了它对现实的表达能力，但随着层数的增加，优化函数容易出现局部最优解的现象，由于存在梯度消失的问题，深度卷积神经网络往往难以训练，效果不如浅层网络。

目前的人工神经网络是第二代神经网络，它通常是全连接的，接收连续的值，输出连续的值。尽管当代神经网络已经在许多领域中实现了突破，但它在生物学上是不精确的，并不能模仿生物大脑神经元的运作机制。

3. 第三代神经网络：脉冲神经网络

第三代神经网络是脉冲神经网络，旨在弥合神经科学和机器学习之间的差距，使用最拟合生物神经元机制的模型进行计算，更接近生物神经元机制。脉冲神经网络与第二代神经网络和机器学习方法有着根本上的不同。SNN 使用脉冲（这是一种发生在时间点上的离散事件），而非常见的连续值。每个峰值由代表生物过程的微分方程表示，其中最重要的是神经元的膜电位。本质上，一旦神经元达到某一电位，脉冲就会出现，随后达到电位的神经元会被重置。对此，最常见的模型是 Leaky Integrate-and-Fire（LIF）模型。此外，SNN 通常是稀疏连接的，并会利用特殊的网络拓扑。

然而，关于 SNN 作为人工智能和神经形态在计算机群体中计算工具的实用价值一直存在争论，尤其是与人工神经网络相比。在过去的几年里，这些怀疑减缓了神经形态计算（neuromorphic computing）的发展，而随着深度学习的快速进步，研究者试图从根本上缓解这个问题，研究人员想要通过加强 SNN（如改善训练算法）来缓解这个问题。

与成熟有效的人工神经网络训练算法（误差反向传播算法（back propagation））不同，神经网络研究中困难的问题是复杂的动力学和脉冲的不可微性质导致的训练困难。

近年来，为了提升脉冲神经网络的准确率，研究人员进行了大量探索。首先，脉冲时序依赖可塑性（spike-timing-dependent plasticity, STDP）作为一种无监督学习方法，被应用于多种任务，例如利用 STDP 数字识别进行无监督学习，以及在深度卷积脉冲神经网络中结合 STDP,并使用奖励机制调节 STDP 以进行数字识别;预训练的人工神经网络转换为 SNN 也是一种提高 SNN 性能的重要方法,具体研究包括用于高能效物体识别的脉冲深度卷积神经网络、脉冲深度残差网络、通过权重和阈值平衡实现快速分类的高准确率脉冲深度卷积神经网络、为神经形态硬件训练脉冲深度卷积神经网络,以及将连续值深度卷积神经网络转换为高效的事件驱动网络用于图像分类。为了提升 ANN 与 SNN 的兼容性,通常去除偏置(bias),使用 ReLU 激活函数,并将最大池化替换为平均池化。在转换过程中,常采用权重/激活归一化、阈值调整和采样误差补偿等操作以维持模型准确率。

此外,直接使用反向传播算法训练 SNN 的方法取得了显著进展,包括混合宏观/微观反向传播用于训练深度脉冲神经网络、使用反向传播训练深度脉冲神经网络、时空反向传播用于训练高性能脉冲神经网络和直接训练脉冲神经网络的方法。在执行反向传播时,梯度可以沿空间维度通过聚合脉冲传播,也可以沿时间和空间两个维度通过计算膜电势的梯度传播。综上所述,SNN 在视觉识别任务中的应用准确率逐渐接近 ANN。然而,由于 SNN 缺乏专门的基准测试工作,通常直接使用 ANN 的基准验证 SNN。例如,将用于 ANN 验证的图像数据集简单地转换为脉冲版本,以用于 SNN 的训练和测试。此外,网络的准确性仍然是主要的评估指标,但人类大脑在绝对识别准确性方面通常不如人工智能机器,因此需要更全面和公平的衡量标准来评估和模拟生物大脑工作方式的 SNN。当前,SNN 仍无法在准确性上超越 ANN,这提出了一个开放的问题,即如何制定适当的评估指标,以便更好地衡量 SNN 的性能和潜力。

一些研究工作探索了将预训练好的 ANN 模型转换为 SNN 在保持精度的同时,提升网络的效率,而不仅仅是准确率。评价一个 SNN 要从多个角度考量,如应用准确率、内存成本、计算成本。

在以 ANN 主导的评价指标和任务中,相同大小的 SNN 无法打败 ANN,但在以 SNN 主导的评价指标和任务中,SNN 的表现更好。

12.2　脉冲神经网络原理

图 12.1(a)所示为典型的单个 ANN 神经元,ANN 的计算方法为

$$y = \phi\left(b + \sum_j x_j w_j\right) \tag{12.1}$$

式中,$\phi(\cdot)$ 为非线性的激活函数。

图中,x_0 代表从上个神经元来的连续的激活值,通过突触(synapse)传递到树突(dendrite)的位置,并且最终由细胞体(soma)来处理这个激活值。

ANN 中的神经元使用高准确率和连续值编码的激活值进行相互通信,并且只在空间域传播信息。从式(12.1)可以看出,输入和权重的相乘和累加(multiply accumulate,MAC)是网络的主要操作。

图 12.1(b)所示为典型的单个 SNN 神经元,它的结构与 ANN 神经元相似,但行为不同。脉冲神经元之间的交流通过二进制进行,而不是连续的激活值。

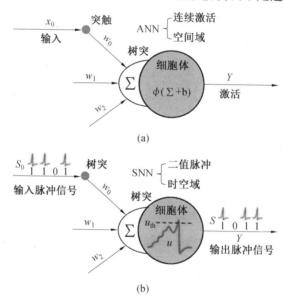

图 12.1　ANN 和 SNN 的基本神经元

图中,S_0 代表上个神经元过来的一个一个的脉冲,通过突触传递到树突的位置,并且最终由细胞体来处理这些脉冲,表达式为

$$\tau \frac{\mathrm{d}u(t)}{\mathrm{d}t} = -\left[u(t) - u_{r_1}\right] + \sum_j w_j \sum_{t_j^k \in S_j^{T_w}} K(t - t_j^k) \tag{12.2}$$

$$s(t) = 1, \quad u(t) = u_{r_2} \quad (u(t) \geqslant u_{th})$$

$$s(t) = 0 \quad (u(t) \leqslant u_{th})$$

式中,t 为时间步长;τ 为常数;u 和 s 分别为膜电位和输出峰值;u_{r_1} 和 u_{r_2} 分别为静息电位和重置电位;w_j 为第 j 个输入突触的权重;t_j^k 为当第 j 个输入突触的第 k 个脉冲在 T_w 积分时间窗口内激发(即状态为 1)的时刻;$K(\cdot)$ 为代表延时效应的核函数;T_w 为积分时间窗口;u_{th} 为个阈值,代表要不要点火(fire)一次。

12.3　神经元模型

神经元的典型结构主要包括树突、胞体和轴突三部分。其中,树突的功能是收集来自其他神经元的输入信号并将其传递给胞体,胞体起到中央处理器的作用,当接受的传入电流积累导致神经元膜电位超过一定阈值时产生神经脉冲(动作电位),脉冲沿轴突无衰减地传播,并通过位于轴突末端的突触结构将信号传递给下一个神经元。

针对神经元工作时电位的动态特性,神经生理学家建立了许多模型,这些模型是构成脉冲神经网络的基本单元,决定了网络的基础动力学特性,影响较大的主要有 H-H 模型、LIF 模型、Izhikevich 模型和脉冲响应 SRM 模型等,见表 12.1。

表 12.1　神经元模型

类型	名称
膜电势模型	IAF 模型
	Hodgkin-Huxley 模型
	LIF 模型
	SRM 模型
	分数阶 LIF 模型
	Galves-Löcherbach 模型
	指数 IAF 模型
	FizHugh-Nagumo 模型
	Morris-Lecar 模型
	Hindmarsh-Rose 模型
	Compartmental 模型
	Thorpe 模型
	Izhikevich 模型
自然信息输入模型	非齐次泊松过程模型
	两状态马尔可夫模型
	非马尔可夫模型
药理刺激模型	突触传递模型
层级即时记忆模型	HTM 模型

12.3.1 传统神经元模型

ANN 神经元模型保留了生物神经元多输入单输出的信息处理功能,对其阈值特性和动作电位机制进一步抽象简化,其建模为

$$y_i^l = \phi\left(\sum_{j=0}^{n^{l-1}} w_{ij}^{l-1} x_j^{l-1} \right) \tag{12.3}$$

式中,y_i^l 为第 l 层第 i 个神经元的输出;w_{ij}^{l-1} 为第 $l-1$ 层第 j 个神经元对于下一层第 i 个神经元的权重值;x_j^{l-1} 为第 $l-1$ 层第 j 个神经元的值;ϕ 为非线性激活函数。传统神经元模型的本质是本层的神经元值由上一层神经元加权求和后再经过非线性激活函数计算得到的。

12.3.2 LIF 神经元模型

早在 1907 年 Lapicque 就提出了 Integrate-and-fire(I&F)模型,由于当时对动作电位的产生机理知之甚少,动作电位的过程被简化描述为当膜电位达到阈值 V_{th} 时,神经元将激发脉冲,而膜电位回落至静息值 V_{reset},I&F 模型则针对描述阈值下电位的变化规律,其中最简单且常见的是 LIF 模型,表达式为

$$\tau_m \frac{dV}{dt} = V_{rest} - V + R_m I \tag{12.4}$$

式中,τ_m 为膜时间常数;V_{rest} 为静息电位;R_m 为细胞膜的阻抗;I 为输入电流。

LIF 模型极大简化了动作电位过程,但保留了实际神经元膜电位的泄漏、积累和阈值激发 3 个关键特征。在 LIF 模型的基础上存在系列变体,如二阶 LIF 模型、指数 LIF 模型和自适应指数 LIF 模型等,这些变体模型注重对神经元脉冲活动细节的描述,以一定的代价进一步增强了 LIF 模型的生物可信度。

12.3.3 LIF 模型与传统神经元模型对比

相较于脉冲神经网络,ANN 神经元使用高准确率的连续激活函数值(而非离散脉冲序列)进行通信,舍弃了在时间域上的运算而仅保留了逐层计算的空间域结构。SNN 表达准确率较低,但保有更为丰富的神经元动态,当前状态除了接受空间域中的输入外,还受到过去历史时刻的影响,因此 SNN 可能具有更强的时空数据处理潜力。此外,由于阈值特性的存在,SNN 的脉冲信号通常具有稀疏性,并且计算由事件驱动,结合 0/1 的脉冲信号表达形式可以避免 ANN 中高昂的乘法计算代价,表现出超低功耗的特性。

对式(12.2)中具体参数解释如下。

（1）当膜电位 $u(t)$（细胞体隐含电位）高于阈值 u_{th} 时，脉冲神经元看作一次点火，此时输出电位 $s(t)$ 置为 1，同时膜电位 $u(t)$ 回归到重置电位 u_{r_2}。

（2）当膜电位 $u(t)$（细胞体隐含电位）低于阈值 u_{th} 时，不点火，此时输出电位 $s(t)$ 保持为 0。

（3）在每个时间步长内，膜电位 $u(t)$ 的更新过程满足一个微分方程，即式（12.1）。

（4）在每个时间步长内，膜电位 $u(t)$ 应下降 $u(t)-u_{r_1}$，其中 u_{r_1} 为静息电位。

（5）在每个时间步长内，膜电位 $u(t)$ 应上升一个值，这个值的大小与神经元第 j 个输入突触有关，每个输入突触的权值为 w_j，这个突触对膜电位上升的贡献值为 $\sum t_j^k \in S_j T_w K(t-t_j^k)$，即在 $S_j T_w$ 个脉冲中，如果 t_j^k 时刻的输入脉冲是点火状态（即 1 状态），那么计算一次 $K(t-t_j^k)$ 并累积起来。

与 ANN 不同的是，SNN 使用脉冲的序列传递信息，每个脉冲神经元经历着丰富的动态行为。具体而言，除了空间域中的信息传播外，时间域中的先前状态也会对当前状态产生紧密的影响。因此，与主要通过空间传播和连续激活的 ANN 相比，SNN 通常具有更多的时间通用性，但准确率较低。由于只有当膜电位超过一个阈值时才会激发尖峰信号，因此整个尖峰信号通常很稀疏。此外，由于尖峰值（spike）是二进制的，即 0 或 1，如果积分时间窗口 T_w 调整为 1，输入和权重之间的乘法运算就可以消除。由于上述原因，与计算量较大的 ANN 网络相比，SNN 网络通常可以获得较低的功耗。

12.4　脉冲神经网络数据集

数据集的发展对推动神经网络技术的进步起到了至关重要的作用。在传统人工神经网络领域，图像、语音等领域数据集的不断扩充和任务场景的复杂化对 ANN 的模型性能提出了挑战，也在另一方面推动着 ANN 技术的发展，随着 SNN 的逐渐发展，人们提出了一种适合 SNN 处理的特殊数据集。

12.4.1　传统数据集

ANN 领域有种类繁多的数据集，常常被用作各类模型训练效果的标杆，如

MNIST、CIFAR-10、FASHION-MNIST 和 ImageNet 等等。MNIST 是由 Yann 提供的手写数字数据库文件,有 60 000 张训练图像和 10 000 张测试图像(大小为 28×28 的灰度图像),MNIST 被称作是最经典的数据集之一,如图 12.2 所示。

图 12.2　MNIST 数据集

CIFAR-10 是由 Alex Krizhevsky 等提供的数据集,包含 10 个类别,每个类别有 6 000 张图像、50 000 张训练图像和 10 000 张测试图像(大小为 32×32 的彩色图像)。相较于灰度图像而言,图 12.3 的彩色图像更贴近真实图像,其中包含了许多噪声信息,十分考验模型对数据的处理能力,优秀的训练算法往往会节省许多计算性能,甚至可以过滤大量不重要的图像信息。

图 12.3　CIFAR-10 数据集

FASHION-MNIST 是由肖涵提供的衣裤鞋包数据集,如图 12.4 所示。该数据集包含 10 个类别,训练数据集共 60 000 个图像,测试数据集共 10 000 个图像(大小为 28×28 的灰度图像)。与之前的 MNIST 相比,FASHION-MNIST 也是灰度图像,但图像中物体的形状更加复杂。

图 12.4　FASHION-MNIST 数据集

12.4.2　神经形态数据集

神经形态视觉传感器是受生物视觉处理机制启发,捕捉视野中的光强变化,并产生异步时间流的一类传感器。具有代表性的神经形态视觉传感器有动态视觉传感器(dynamic vision sensor,DVS)及动态主动成像传感器(dynamic and active pirel vission sersor,DAVIS)等。神经形态视觉传感器捕捉且记录视野中的变化信息,并根据信息变化的方向不同(增加或减少),记录正负两种变化方向的脉冲串信息。神经形态视觉传感器主要关注视野中的变化特征,自动忽略背景中与静态无关的信息,这也使得该类传感器具有低延迟、异步和稀疏的相应特性,在诸多领域具有广阔的应用前景,如光流估计、目标跟踪和动作识别等。受此启发产生的数据集一般被称为神经形态数据集,其中的数据一般由四维向量组成(x,y,t,p),其中(x,y)为成像的拓扑坐标,t为脉冲产生的时间信息(精确到微秒),p为脉冲的极性(由正或负方向生成)。神经形态数据集具有的特征使其适合用于脉冲神经网络的基准测试:一方面,脉冲神经网络可以自然地处理异步、事件驱动信息,使其与神经形态数据集的数据特征非常切合;另一方面,神经形态数据集中内嵌的时序特征为展现脉冲神经元利用时空动力学特征处理信息的能力提供了很好的平台。

像 MNIST、CIFAR10 基于帧的静态图像广泛应用于 ANN 中,称之为 ANN-定向数据集,如图 12.5 的前 2 行所示。CIFAR-10:$32 \times 32 \times 3$ RGB 图像,训练集为 50 000,测试集为 10 000。MNIST:$28 \times 28 \times 1$ 灰度图像,训练集为 60 000,测试集为 10 000。

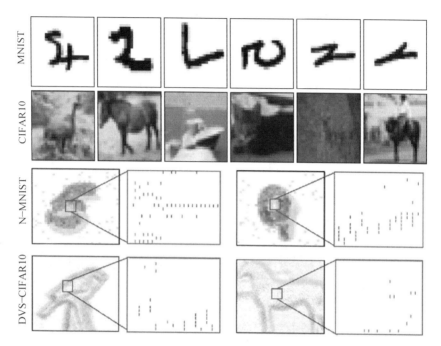

图 12.5　ANN 和 SNN 基本数据集

图 12.5 的后 2 行(N-MNIST 和 DVS-CIFAR10)称为 SNN-定向数据集。这里的 DVS 代表使用了动态视觉传感器扫描每张图像得到的脉冲数据。它除了具有与 ANN-定向数据集相似的空间信息外,还包含更多的动态时间信息,并且尖峰事件与神经网络中的信号格式自然兼容,因此称之为 SNN-定向数据集。

DVS 产生 2 个通道的脉冲事件,命名为 On 和 Off 事件(图 12.5 蓝色所示),因此 DVS 将每个图像转换为行×列×2×T 的脉冲模式。

N-MNIST:34×34×2×T 脉冲模式,训练集为 60 000,测试集为 10 000。

DVS-CIFAR-10:128×128×2×T 脉冲模式,训练集为 9 000,测试集为 1 000。

ANN 接收帧为基础的图像,而 SNN 接收事件驱动的脉冲信号,有时需要将相同的数据转换为另一个域中的不同形式。本节以视觉识别任务为例,主要介绍了 4 种信号转换方法,如图 12.6 所示。由图像信号转化为脉冲信号的方法比较直观。

(1)如图 12.6(a)所示。在每一个时间步骤内,采样的原始像素强度(pixel intensity)变为一个二进制值(通常归一化为[0,1]),其中的这个强度值等于发射一个脉冲的概率。这个采样遵循一个特定的概率分布,如伯努利分布或泊松分布。

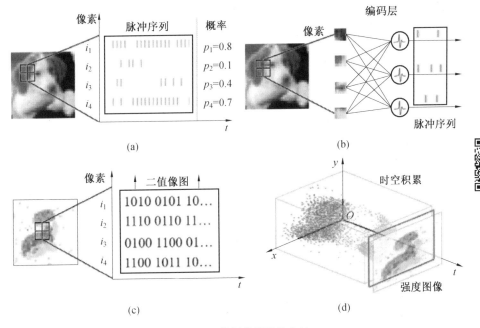

图 12.6　数据信号转换方法

例如,图 12.6(a)中的 i_1 神经元对应于 0.8 的强度,产生一个二进制尖峰序列,随着伯努利分布 $B(0.8, T)$ (T 为取样的时间窗口)。

图 12.6(a)中的 i_2 神经元对应于 0.1 的强度,产生一个二进制尖峰序列,随着伯努利分布 $B(0.1, T)$ (T 为取样的时间窗口)。这种方法在取样的时间窗口 T 比较短时有一个较大的准确率损失。

(2)如图 12.6(b)所示。使用一个编码器产生全局的脉冲信号,这个编码器的每个神经元接收图像多个像素的强度值信号作为输入,产生脉冲作为输出。虽然编码层是 ANN–SNN 混合层,与网络中的其他完整 SNN 层不同,但它的权重是可训练的,因为这个训练方法是 BP 兼容的。由于神经元的数量可以灵活定制,参数也可以调整,因此它可以适应整体最佳化问题,从而获得更高的精确度。

由脉冲信号转化为图像信号的输出主要有以下 2 种。

①具有 0/1 像素的值图像。

②具有值像素的强度图像。

(3)如图 12.6(c)所示,表示把脉冲图像转化为二值图像。2D 脉冲图像可以直接看作一个二值图像(每个脉冲事件代表像素强度为 1,否则像素强度为 0),为了转换为强度图像(intensity image),需要在一个时间窗口 T 内。

(4)如图 12.6(d)所示,代表把脉冲图像转化为强度图像。描述了 100 ms 内脉冲事件的累积过程,累积脉冲数将被归一化为具有适当强度值的像素。由于 DVS 的相对运动和固有噪声,使得图像常常模糊,边缘特征模糊。这种转换只允许一个强大的假设,每个脉冲位置不应该被移动,否则将严重损害生成的图像质量。

面向 ANN 的任务,目标是识别在 ANN 中经常使用帧的数据集(如 MNIST 和 CIFAR10),有以下 3 种基准模型。

(1)如图 12.7(a)所示,最直接的解决办法是 ANN 训练 + ANN 推理。

(2)如图 12.7(b)所示,这种方案是先在 ANN 数据集上使用 BP 算法训练一个 ANN,再将训练好的 ANN 转化成 SNN。这个 SNN 与 ANN 拥有相同的结构,但拥有不同的神经元。SNN 在推理时使用的是 ANN 数据集转化得到的面向 SNN 的数据集。

(3)如图 12.7(c)所示,这种方案是直接使用 SNN-定向数据集训练一个 SNN,训练方法是反向传播。在每个时刻和位置的梯度直接由时空反向传播 (spatio-temporal backpropagation,STBP)方法得到。

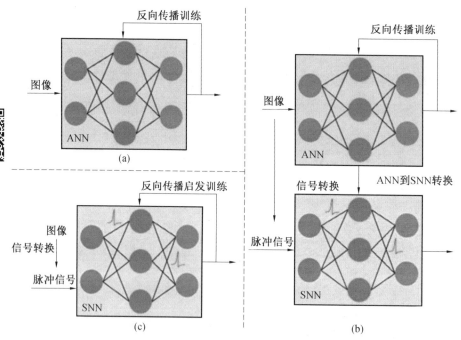

图 12.7　面向 SNN 的任务模型配置

面向 SNN 的任务目的是识别在 SNN 中经常使用的脉冲数据集(如 N-MNIST 和 DVS-CIFAR10),有以下 2 种基准模型。

（1）如图 12.8（a）所示，把脉冲数据集转化成图像，即 ANN–定向数据集，然后使用 BP 算法训练 ANN 并推理。

（2）如图 12.8（b）所示，直接使用面向 SNN 的数据集训练一个 SNN，训练方法是反向传播启发训练，在每个时刻和位置的梯度直接由时空反向传播得到。

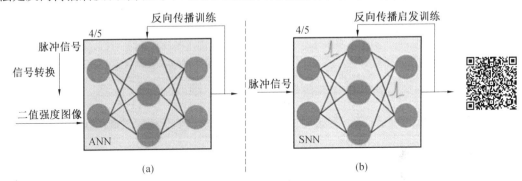

图 12.8　面向 SNN 的模型配置

12.5　脉冲神经网络训练方法

1. BP 训练方法

ANN 的 BP 训练方法可以用下式表示：

$$\frac{\partial L}{\partial y_i^n} = \sum_j \frac{\partial L}{\partial y_j^{n+1}} \varphi_j'^{n+1} w_{ji}^{n+1} \tag{12.5}$$

$$\nabla w_{ji}^n = \frac{\partial L}{\partial y_j^{n+1}} \varphi_j'^{n+1} y_i^n, \quad \nabla b_j^n = \frac{\partial L}{\partial y_j^{n+1}} \varphi_j'^{n+1} \tag{12.6}$$

式中，$\varphi_j'^{n+1}$ 为第 $n+1$ 层的第 j 个神经元激活函数的导数；L 为损失函数，表达式为

$$L = \frac{1}{2} \parallel Y - Y_{\text{label}} \parallel_2^2 \tag{12.7}$$

2. STBP 训练方法

SNN 的 STBP 训练方法如下。

基于的前向模型是 LIF 的 SNN 模型，LIF 模型的迭代版本用下式表示：

$$u_i^{t+1,n+1} = e^{-\frac{dt}{\tau}} u_i^{t,n+1} (1 - o_i^{t,n+1}) + \sum_j w_{ij}^n o_j^{t+1,n} \tag{12.8}$$

$$o_i^{t+1,n+1} = f(u_i^{t+1,n+1} - u_{\text{th}}) \tag{12.9}$$

式中，o 为脉冲输出；t 为时间步长；n 为层索引；τ 为膜电位的延迟效应；$f(\cdot)$ 为

阶跃函数(step function)。这种迭代的 LIF 模型包含了原始神经元模型中的所有行为,如集成(integration)、触发(fire)和重置(reset)。

为了简单起见,在原来的 LIF 模型中设置了 $u_{r_1} = u_{r_2} = 0, T_w = 1, K = 1$。给定迭代 LIF 模型,梯度沿着时间和空间维度传播,LIF 模型迭代版本的参数更新为

$$\begin{cases} \dfrac{\partial L}{\partial o_i^{t,n}} = \sum_j \dfrac{\partial L}{\partial o_j^{t,n+1}} \dfrac{\partial o_j^{t,n+1}}{\partial o_i^{t,n}} + \dfrac{\partial L}{\partial o_i^{t+1,n}} \dfrac{\partial o_i^{t+1,n}}{\partial o_i^{t,n}} \\[4mm] \dfrac{\partial L}{\partial u_i^{t,n}} = \dfrac{\partial L}{\partial o_i^{t,n}} \dfrac{\partial o_i^{t,n}}{\partial u_i^{t,n}} + \dfrac{\partial L}{\partial o_i^{t+1,n}} \dfrac{\partial o_i^{t+1,n}}{\partial u_i^{t,n}} \end{cases} \tag{12.10}$$

$$\nabla w_{ji}^n = \sum_{t=1}^{T} \dfrac{\partial L}{\partial u_j^{t+1,n}} o_i^{t,n} \tag{12.11}$$

从膜电位 u 到输出 o 是个阶跃函数,它是不可导的。为了解决这个问题,辅助函数计算输出 o 到膜电位 u 的导数值,表达式为

$$\frac{\partial o}{\partial u} = \frac{1}{a} \text{sign}\left(|u - u_{\text{th}}| < \frac{a}{2} \right) \tag{12.12}$$

式中,参数 a 决定了梯度宽度。

L 是损失函数,表达式为

$$L = \frac{1}{2} \left\| \frac{1}{T} \sum_{t=1}^{T} O_{t,n} - Y_{\text{label}} \right\|^2 \tag{12.13}$$

12.6 脉冲神经网络评价指标

基于 SNN 的模型通常无法在绝对识别准确性方面击败基于 ANN 的 AI 系统,而 AI 系统在其他指标上表现更好,如操作效率。然而,识别准确率仍然是判断哪个模型(ANN 或 SNN)具有更好的主流指标,特别是在算法研究中,但这是不公平的,因为 ANN 和 SNN 有不同的特点。例如,ANN 数据的准确率比 SNN 数据的准确率高,这就使得在网络大小相同的情况下,ANN 通常比 SNN 获得更好的识别准确率,这些表明模型评估需要更全面的度量。除了准确率比较外,本节介绍了内存和计算成本作为互补的评估指标。

1. 识别准确率

在 ANN 中,识别准确率意味着正确识别样本的百分比。如果标签类别与模型预测的最大激活值相同,则识别结果对当前样本是正确的。

在 SNN 中,计算在给定的时间窗 T 内,每一个输出神经元的脉冲率(fire rate),取脉冲率最高的神经元作为输出,表达式为

$$C = \arg \max_i \left\{ \frac{1}{T} \sum_{t=1}^{T} o_i^{t,N} \right\} \tag{12.14}$$

式中,$o_i^{t,N}$ 为网络第 N 层第 i 个神经元在 t 时刻的输出。

内存花销和计算花销都是指推理过程。原因有:时空梯度传播相对于推理过程来讲非常复杂;另外,大多数支持 SNN 的神经形态学设备只执行推理阶段(inference phase)。

2. 内存

通常,在嵌入式设备上部署模型时内存占用非常重要。

在 ANN 中,存储器成本包括权重内存(weight memory)和激活内存(activation memory)。激活内存的开销被忽略,如果激活内存是通过查找表来实现的,那么这部分内存开销应该被计算在内。

在 SNN 中,内存成本包括权重内存、膜电位内存(membrane potential memory)和脉冲内存(spike memory),其他参数(如点火阈值 u_{th} 和时间常数 τ 等)可以忽略,因为它们可以被同一层或整个神经网络的神经元共享。只有当脉冲触发时,脉冲内存开销才会出现。总之,内存开销可以通过式(12.15)和(12.16)计算。

对于 ANN:

$$M_{ANN} = M_w + M_a \tag{12.15}$$

对于 SNN:

$$M_{SNN} = M_w + M_p + M_s \tag{12.16}$$

式中,M_w 为权重内存;M_a 为激活内存;M_p 为膜电位内存;M_s 为脉冲内存。

M_w、M_a 和 M_p 由网络结构决定,而 M_s 由每个时间戳最大脉冲数动态决定。

3. 计算成本

计算成本(compute cost)对于运行延迟和能量消耗是至关重要的。

(1)在 ANN 中,计算开销主要由方程中的乘加运算决定。

(2)在 SNN 中,主要的计算成本来自脉冲输入的积分过程。与 ANN 相比,SNN 有两点不同。

①代价高昂的乘法运算可以省去,假设 $T_w = 1$ 且 $K(\cdot) = 1$,此时树突的积分运算变成 $\sum_j w_j s_j = \sum_{j'} w_{j'}$,成为了一个纯加法运算。

②积分是事件驱动的,这意味着如果没有收到脉冲信号就不会进行计算。

计算开销可以通过计算最高的神经元作为输出,表达式为

$$\text{Cost}_{\text{compute}} = \max(\sum_j w_j s_j) \quad (12.17)$$

胞体中的计算开销(如 ANN 中的激活函数及 SNN 中的膜电位更新和触发活动)被忽略,这是神经网络设备中的一种常见方式。

在 SNN 中加法运算的次数与脉冲事件的总数成正比。

当前,丰富的任务和数据集、友好的编程工具(如 TensorFlow 和 Pytorch)、以误差反向传播为代表的训练算法和高效的训练平台共同推进了 ANN 在各个深度学习领域的繁荣,也推进了支持 ANN 的各种深度学习加速器的研究,如中国科学院计算技术研究所的"寒武纪"系列芯片、谷歌公司的 TPU 芯片、清华大学的 Thinker 芯片和美国麻省理工学院的 Eyeriss 芯片等。与 ANN 领域的繁荣相比,SNN 领域的研究仍然处于快速发展的早期阶段,当前 SNN 领域的研究主要围绕神经元模型、训练算法、编程框架、数据集和硬件芯片加速方向进行。

12.7　生物可信度与实现代价

SNN 神经元具有的脉冲通信方式和动力学特征构成了与当前 ANN 之间最基本的不同点,并赋予其进行超低功耗计算和时序任务处理的潜力。在大规模 SNN 的层面上,对单个神经元投入的算力较为有限,这使得 H–H 模型等使用多变量、多组微分方程进行精确活动描述的复杂模型无法应用,简化模型进而加速在计算机中的模拟与仿真过程是不可或缺的。当前在 SNN 中较为广泛地采用 LIF 模型,因为其简洁的数学表达保证了较低的实现代价,然而较早的提出限制了 LIF 模型对神经元的了解,致使它在生物可信度上有所欠缺,因此在保证大规模集成电路构建能力的基础上,寻找兼具良好学习能力和高生物可信度的神经元模型仍然是需要研究的问题。

12.8　神经形态数据集的分类

1.实地场景采集而成的数据集

实地场景采集而成的数据集主要通过神经形态传感器直接捕捉来生成无标

签的数据,这类数据集生成简单,贴近实际应用场景,包括可用于追踪和检测的数据集、用于光流估计的神经形态数据集、用于3D场景重构的数据集、用于机器人视觉的数据集。例如,PRED-18数据集得益于神经形态视觉传感器快速、高动态频率的特性,这类数据集对发展特定神经形态传感器上的应用有重要帮助,如图12.9所示。

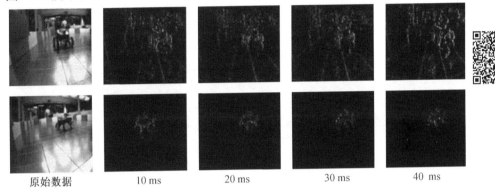

| 原始数据 | 10 ms | 20 ms | 30 ms | 40 ms |

图 12.9　PRED-18 数据集

2. 转换型数据集

转换型数据集主要由带标签的静态图像数据集通过神经形态传感器实拍生成。与直接对实际场景采集而成的数据集不同,该类数据集主要由已被广泛研究的、用于传统非脉冲任务的数据集转换得到,如 N-MNIST、CIFAR10-DVS 等。为了生成此类数据集,研究者一般先固定一张静态的图像,再拿动态传感器沿指定方向平移产生相应数据的脉冲事件流版本。

由于转换原始图像的特征及标签是已知的,使得研究者可以容易的得到该类数据集的标签信息。由于转换数据集与原始广泛采用的数据集具有一定的特征相似性,此类转换数据集更易于使用和易于评估,因此这类转换数据集是目前脉冲神经网络领域使用最为广泛的数据集,如图12.10所示。

3. 算法生成数据集

算法生成数据集主要利用带标签数据,通过算法模拟动态视觉传感器特性,进而生成得到。在许多项目中,这一过程需要利用 MATLAB 完成,MATLAB 提供了对应的函数便于研究者直接使用。由于动态传感器主要捕捉视频流中的动态信息,这一过程可以间接地利用相邻帧的差分等信息得到,因此其中一类数据集是直接从已有的视频流(或者图像)信息中,通过特定的差分算法或基于相邻帧的生成算法生成神经形态数据集。

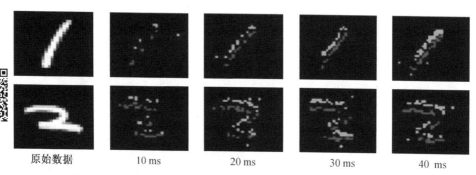

原始数据　　　　10 ms　　　　20 ms　　　　30 ms　　　　40 ms

图 12.10　转换型数据集

12.9　3 种神经形态数据集的局限性

尽管对 3 种神经形态数据集的研究仍在持续进行中,但这 3 种数据集存在各自的局限。例如,第 1 类数据集的预处理方式不统一(时间分辨率、图像压缩尺度等),结果很难被公平地比较;第 2、3 类数据集主要是由原始数据二次转换生成,其数据很难表达丰富的时序信息,因此无法充分利用脉冲神经网络的时空处理特性等。目前对神经形态数据集的研究尚在起步阶段,脉冲神经网络领域仍缺乏公认的、基准性的测试集,因此发展规模更大、功能更契合的数据集是今后的一大发展方向。

12.10　拓扑结构

12.10.1　传统神经网络的结构

目前,先进的人工神经网络受到人脑层级启发的深度结构,使用多层结构对潜在特征进行提取与表征。用于构建神经网络的基本层拓扑结构主要包括全连接层、循环层和卷积层,对应形成的神经网络分别是 MLP、RNN 和 CNN。RNN 和 MLP 只包括具有或不具有层内循环连接的堆叠全连接层。与 MLP 和 RNN 中的一维特征不同,卷积层使得 CNN 能够完成面向二维特征的处理。卷积层中的每个神经元只接收来自前一层特征映射(feature map)局部感受野(receptive field)的输入,并重复使用卷积核权重进行局部的二维卷积计算。CNN 也使用池化层调整特征映射的尺寸,并使用全连接层构建最终的分类器。

12.10.2　脉冲神经网络的结构

图 12.11 可以看到脉冲神经网络的基本拓扑结构,每个神经元通过突触相互连接,形成一个复杂的网络。神经元根据输入脉冲信号进行加权处理,输入包括兴奋性和抑制性 2 种信号。在神经元水平,信号传播通过加权的突触进行整合,逐步累积电压值。当累积的电压值超过一定的阈值时,神经元便会产生脉冲信号并将其传递到下一个神经元。整个过程中的脉冲序列是神经网络学习的关键,通过这一动态电压累积和释放机制,模型能够学习和处理输入的信息。

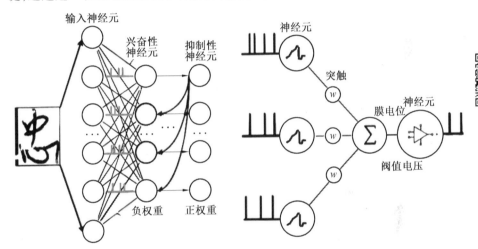

图 12.11　脉冲神经网络的基本拓扑结构

12.11　学习算法

人工神经网络的学习是以数据为基础,面向特定任务进行网络关键参数的调整与优化的过程,学习算法在其中扮演着至关重要的角色。与误差反向传播相结合的梯度下降(gradient descent)算法是目前人工神经网络优化理论的核心,其系列变体由随机梯度下降法逐渐演进到 ADAM、AMSGrad 等算法,在此之外,如批归一化与分布式训练等方法的加入使得大规模、高性能的人工神经网络得以实现,并广泛应用于人工智能领域的实际场景中。

相比之下,当前脉冲神经网络领域尚不存在公认的核心训练算法与技术。

在生物合理性与任务表现间存在不同的侧重度,以及网络采用不同的神经元模型和编码方式造成了训练算法的多样化。如图 12.12 所示,依据训练过程中是否使用标签信息,可以将其概括性地划分为无监督学习与有监督学习两类。其中无监督学习主要包括 Hebb、STDP、BCM 和 SWAT 等突触可塑性规则的仿生学习算法;有监督学习可以进一步划分初期有监督学习算法、深度有监督学习算法两个阶段。

12.11.1　有监督学习面临的困难

有监督学习面临的主要困难:①BP 算法自身缺乏生物合理性,突触信息传递的方向性使得前向传递和可能存在的反馈路径在生理上是分离的,而目前并不存在已知的方式来协调二者以实现反向传播中对前传权重的获取,这被称为权重传输问题;②脉冲神经网络中传递的信号为不可微的离散二值信号,脉冲形式的激活函数为基于梯度的优化算法的直接应用造成困难。

12.11.2　深度有监督学习算法

深度脉冲神经网络有监督学习算法主要包括转换 SNN 为代表的间接监督、时空反向传播 STBP 为代表的直接监督。间接监督是指有监督信号仅在向 SNN 转换前的原始模型中进行训练;直接监督是指在 SNN 结构中直接适用的有监督学习算法。

1. 转换 SNN(间接监督)

转换 SNN 是从 ANN 的视角出发为 SNN 的训练提供的一种替代做法。转换 SNN 的基本理念是在使用 ReLU 函数的 ANN 网络中,连续的激活函数值可以由 SNN 中频率编码下的平均脉冲发放率近似,在完成原始 ANN 训练后,再通过特定方法将其转换为 SNN。实质上,转换 SNN 的训练依赖的仍是在 ANN 中进行的反向传播算法,因此它避免了对 SNN 进行直接训练所面临的困难。就性能表现而言,转换 SNN 保持着与 ANN 发展进程最小的差距,并具有在大规模的网络结构与数据集上实现的能力。

为方便转换,对原始的 ANN 模型做一定的约束,例如将偏置限制为零、无法使用批归一化方法、必须采用平均池化而非最大池化等,这会造成原始模型性能的部分下降,使得转换后 SNN 的调整复杂化,并造成更大的性能损失。此外,在转换方法中格外关键的是增加 I&F 神经元的阈值项后,对于阈值和权重的重新平衡。过低的阈值使得神经元易于激发而丧失特异性,反之则会使得脉冲较难

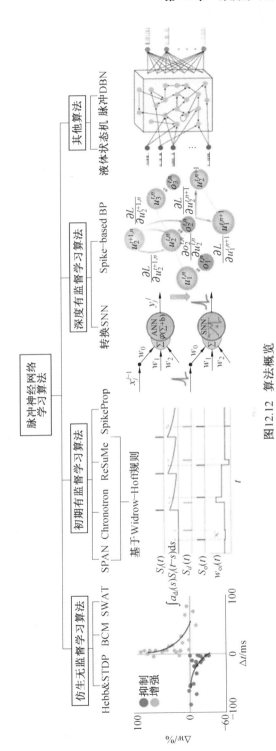

图 12.12　算法概览

激发,深度卷积神经网络的仿真步数大幅增加。整体而言,转换 SNN 可以较为快速地将 ANN 领域的突破转化应用至 SNN 领域,但这种方法有其内在的局限性:除了对原始 ANN 施加约束造成的性能下降外,转换 SNN 完成一次前向推理通常需要几百至几千时间步长的时间模拟,与 SNN 直接训练算法差距较大,这导致了与原始目的相悖的额外延迟和能耗。除此之外,转换 SNN 的视野大多专注于发展新结构的转换方法和缩小与 ANN 之间的性能差异,而不在于 SNN 特质的探究,对 SNN 发展的直接推动较为有限。

2. 时空反传 STBP(直接监督)

时空反传 STBP 是一种针对 SNN 的直接监督学习方法,在训练阶段将空间域(spatial domain,SD)和时间域(temporal domain,TD)结合在一起。首先,建立具有 SNN 动力学的迭代 LIF 模型,该模型适用于梯度下降训练。在此基础上,在误差反向传播期间同时考虑空间维和时间维,从而提高了网络准确率,引入近似导数来解决峰值活动的不可微问题,系统分析了时间域动力学和不同方法对导数逼近的影响。在包含时空信息的数据流(如 N-MNIST 与 DVS-CIFAR10)处理上,SNN 表现出以较低的计算开销获得比 ANN 更高任务性能的能力。

12.11.3 学习算法目前的不足

目前直接训练算法在深度结构上的应用仍有待探索,与转换 SNN 或是 ANN 的发展现状存在一定的差距,原因是在当前编程框架下,SNN 额外的时间维度将造成数倍于同规模 ANN 的训练显存需要,并且由于阈值激发特性与脉冲的稀疏性,当 SNN 趋于深度时可以预见的是仿真周期的延长,这将进一步提升对显存的需求。另外,深度卷积神经网络训练的难点(如梯度消失)在 SNN 结构中同样存在,而部分利于深度神经网络训练的技巧在 SNN 上做简单移植将破坏其保有的优势特征,如批归一化可能造成 SNN 通信的脉冲形式无法得到保证。

12.12 深度脉冲神经网络框架

脉冲神经网络编程工具是用于帮助脉冲神经网络实现快速仿真、网络建模及学习训练的软件平台。由于研究目标和实现方法的差异,目前存在多种脉冲神经网络编程平台(图 12.13)。不同的平台对脉冲神经元的生物特性的描述粒度、网络的功能支持及网络的模拟计算效率有很大差异。

BindsNet 和 Spyketorch 主要面向脉冲神经网络学习算法及应用的编程平台,该类平台为脉冲神经网络在仿生学习、监督学习和强化学习任务中的构建提供便利。由于该类平台主要基于 Pytorch/Tensorflow 等深度学习加速平台编写而成,因此可直接利用其优化技术进行大规模加速模拟,也可以利用自动梯度求导机制便于对脉冲神经网络的学习及训练。NeuCube 和 Nengo 专注于脉冲神经网络高级行为模拟的编程平台,该类平台可以很好地支持基于多种不同神经元所构建的大型神经网络,同时支持对 MATLAB/Java 等的交互,常被作为实现神经工程的基本框架以进行 3D 大脑脑区的功能及行为模拟。其中,Nengo 是基于 Python 编写的开源项目,提供了 TensorFlow 等深度学习加速平台的接口,以提高仿真速度及提供部分机器学习方法的使用。

平台	C	主要功能	风格	仿生学习	梯度学习	并行度
Gensls(2.4)	C	神经元仿生模型	GUI 交互或脚本运行	N/A	N/A	N/A
Neuron(7.4)	C,C++,Fortran,Python	神经元仿生模型	GUI 交互或脚本运行	N/A	N/A	MPI
Nest	C++,Python	神经元及网络仿生模图	脚本运行为主	STDP 规则等	N/A	分布式 MPI
Brian(2.0)	Python	神经元及网络仿生模图	脚本运行	短期可塑性	N/A	分布式 GUP
Nengo(2.1)	Python	神经元及网络仿生模图	GUI 交互或脚本运行	BCM,Oja 规则等	支持	分布式 MPI,GUP
SpyKetorch	Python	网络学习模型	脚本运行	STDP 规则等	N/A	分布式 GPU
BindsNet	Python	网络学习模型	脚本运行	STDP 规则等	支持	分布式 GPU

图 12.13　脉冲神经网络编程平台总结

中国科学院自动化研究所李国齐研究员与北京大学计算机学院田永鸿教授团队合作构建并开源了深度脉冲神经网络学习框架惊蛰(SpikingJelly)。SpikingJelly 是一个基于 PyTorch ,使用脉冲神经网络进行深度学习的框架。

SpikingJelly 提供了全栈式的脉冲深度学习解决方案,支持神经形态数据处理、深度 SNN 的构建、替代梯度训练、ANN 转换 SNN、权重量化和神经形态芯片部署等功能。目前,基于 SpikingJelly 的研究已经大量发表,将 SNN 的应用从简单的 MNIST 数据集分类扩展到人类水平的 ImageNet 图像分类、网络部署、事件相机数据处理等实际应用。此外,一些尖端前沿领域的探索也被报道,包括可校准的神经形态感知系统、神经形态忆阻器和事件驱动加速器硬件设计等。

12.13　本章小结

本章探讨了脉冲神经网络的基本原理、模型特点、训练方法和评价指标,分析了其在神经形态数据集上的应用和编程平台。SNN 通过模拟生物神经元的动力学特性,实现了更高的生物可信度和低功耗计算,尽管在训练过程中面临挑战,但其在仿生计算和低功耗计算中的独特优势,预示着其在未来人工智能研究中的重要地位。

第 13 章

脉冲神经网络模型在手写数字识别中的应用

在当前研究中,本书旨在探索脉冲神经网络在手写数字识别任务上的应用潜力。具体而言,本章选择了广泛使用的 MNIST 数据集作为实验对象,该数据集包含大量的手写数字图像,是评估机器学习模型性能的标准测试平台之一。传统的深度学习模型尽管在手写数字识别上已经取得了显著成功,但它们通常需要大量的计算资源,并且效率较低。因此,本章目标是通过实现一个简单的 SNN 模型来探究其在图像识别任务中相对于传统模型的性能和效率。

13.1　网络结构

CNN 通常使用类似于 V1 的感受野滤波核,在输入(图 13.1)上进行卷积以提取特征。随着网络的深入,每一层结合前一层的核来学习更复杂和抽象的特征。表征滤波器(可以是训练得到的,也可以是手工制作的)和 STDP 学习规则可用于构建脉冲 CNN。训练或手工制作的卷积层、池化层通过局部的基于脉冲的表示学习算法训练,如图 13.1 所示。许多脉冲 CNN 的第一层使用手工设计的卷积核,已被证明在分类任务中具有较高的性能。例如,高斯差分(difference of gaussian,DOG)是一种常见的手工滤波器,用于提取 SNN 早期层中的特征,这种选择是为了模仿哺乳动物初级视觉皮层的输入。最近的一项研究使用了 DOG 滤波器层作为 SNN 的输入层,后跟经过 STDP 训练的卷积池化层。该网络结构能够提取视觉特征,并将其送入 SVM 分类器,在 MNIST 数据集上达到了 98.4% 的准确率。为了训练卷积滤波器,脉冲 CNN 采用了分层脉冲表示学习方法。Tavanaei 等使用 SAILnet 训练脉冲 CNN 初始层中使用的方向选择性核。在该网络中,卷积层之后是一个带有 STDP 变种的特征发现层,用于提取用于分类的视觉特征。堆叠式卷积自编码器在 MNIST 数据集上的准确率进一步提高,达到了 99.05%,可以与传统的 CNN 相媲美。

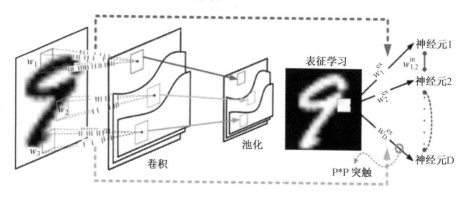

图 13.1　脉冲 CNN

13.1.1　全连接层的配置

如图 13.2 所示,第一个层是 Flatten( ) 用于将输入的多维数据展平成一维。第二个层是 layer. Linear(28×28, 10, bias = False) 是一个全连接层,将展平后的输入(大小为 28×28)连接到一个大小为 10 的输出,没有偏置项。第三个层是 neuron. LIFNode(tau = tau, surrogate_function = surrogate. ATan( )),这是一个 LIF 神经元层。tau 参数设置了 LIF 神经元的时间常数,surrogate_function 参数设置了用于近似脉冲响应的替代函数,这里使用的是 ATan( )。

全连接层作为 SNN 的核心,承担了将输入脉冲序列转换为可用于分类的信息的任务。在本网络中,全连接层的设计简洁且高效,没有使用偏置项,以减少模型的自由参数数量,从而简化学习过程并降低过拟合的风险。神经元数量直接对应于输入和输出类别的数量,确保了网络能够处理 28×28 像素的输入图像,并为每个类别生成一个输出。权重的 Kaiming 初始化策略进一步保证了网络在训练初期的稳定性,有助于加速收敛。

```
SNN(
  (layer): Sequential(
    (0): Flatten(start_dim=1, end_dim=-1, step_mode=s)
    (1): Linear(in_features=784, out_features=10, bias=False)
    (2): LIFNode(
      v_threshold=1.0, v_reset=0.0, detach_reset=False, step_mode=s, backend=torch, tau=2.0
      (surrogate_function): ATan(alpha=2.0, spiking=True)
    )
  )
)
```

图 13.2　全连接网络结构

13.1.2　LIF 神经元的动态特性

图 13.3 所示为 LIF 神经元对于不同 τ 值的响应。LIF 神经元是实现 SNN 时间动态性的关键。通过模拟生物神经元的积累和释放机制,LIF 神经元能够在膜电位达到一定阈值时发放脉冲,并随后重置膜电位。膜电位的衰减常数 τ(设定为 2.0)在此过程中扮演了至关重要的角色,影响着膜电位下降的速度。选择适当的 τ 是至关重要的,因为它直接影响神经元的记忆能力和对新刺激的敏感度,过大的 τ 会导致神经元对旧刺激反应过久,而过小的 τ 则可能使得神经元对新刺激反应不足。

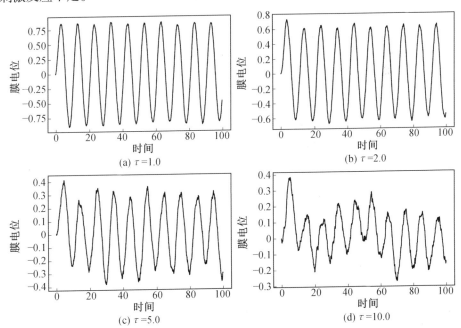

图 13.3　LIF 神经元对于不同 τ 值的响应

13.1.3 ATan 替代函数的应用

由于 SNN 的非连续性和不可微性,采用 ATan 作为梯度下降中的替代函数。ATan 提供了一种平滑且连续的方式来近似 LIF 神经元的发放机制,使得在反向传播过程中能够计算出梯度。选择 ATan 是因为其形状和性质与 LIF 神经元的响应曲线相似,能够在训练过程中有效地近似神经元的实际行为,从而在不牺牲太多模型表现的情况下,使网络能够通过标准的梯度下降方法进行优化,如图 13.4 所示。

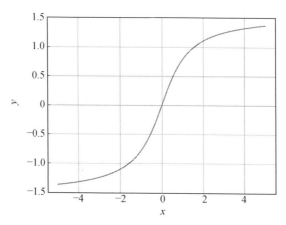

图 13.4　ATan 替代函数

13.1.4 Adam 优化器的优势

选择 Adam 优化器是基于其在众多深度学习任务中显示出的优越性能,特别是在处理 SNN 这类对初始化和学习率选择敏感的网络。Adamw 优化器通过结合动量和自适应学习率的调整,能够在 SNN 训练过程中稳定地进行权重更新,特别是在面对 SNN 的稀疏梯度和可能的不稳定性时,能够更加平滑和有效地优化网络。它结合了动量算法和自适应学习率算法,通过对每个参数计算不同的自适应学习率来实现更快的收敛和更好的泛化能力。

Adam 优化器的核心思想是在每个时间步骤中计算移动平均梯度和移动平均平方梯度,并使用它们来更新模型参数。Adam 优化器定义了两个指数加权平均值,第一个指数加权平均值是梯度的指数加权平均值,第二个指数加权平均值是梯度平方的指数加权平均值。这两个加权平均值被用来调整每个参数的学习率,从而实现自适应学习率的效果。Adam 优化器的更新规则为

$$m_t = \beta_1 m_{t-1} + (1-\beta_1) g_t \tag{13.1}$$

$$v_t = \beta_2 v_{t-1} + (1-\beta_2) g_t^2 \tag{13.2}$$

$$m_t = \frac{m_t}{1-\beta_1^t} \tag{13.3}$$

$$v_t = \frac{v_t}{1-\beta_2^t} \tag{13.4}$$

$$\theta_{t+1} = \theta_t - \eta \frac{m_t}{\sqrt{v_t}+\varepsilon} \tag{13.5}$$

式中，g_t 为参数的梯度；β_1 和 β_2 为 2 个指数加权平均值的衰减系数；$\hat{m}_t$ 和 $\hat{v}_t$ 为梯度的偏差纠正后的移动平均值；θ_{t+1} 为更新后的参数；η 为学习率；ε 为很小的常数，用于避免除以零。

13.1.5　SNN 的训练与仿真策略

在训练 SNN 时，选择合适的损失函数、仿真时间步长和网络状态重置策略至关重要。

首先，选择均方误差（mean squared error，MSE）作为损失函数，是基于其能够直接量化输出脉冲发放率与目标标签之间的误差，发放率的准确预测对于分类性能至关重要。MSE 损失函数促使网络输出与期望的发放率尽可能接近，这有助于网络学习产生清晰的、区分度高的脉冲响应模式，从而提高分类的准确性。

其次，仿真时间步长 T 的选择对网络的性能有显著的影响。T 决定了网络在生成响应之前将观察输入的时间长度，较高的 T 允许网络有更多的时间来积累输入信号的影响，从而可以生成更加精确的脉冲发放模式。然而，较高的 T 也会增加计算负担和训练时间。因此，选择 $T = 100$ 是基于在模型性能和计算效率之间寻找平衡的考虑。

最后，在每次训练迭代后重置网络状态至关重要，因为 SNN 的神经元具有内在的记忆能力，未重置状态可能导致网络的行为受到之前活动的影响，进而影响当前输入的处理。通过在每次训练迭代之后重置膜电位和内部变量，确保了网络对每个输入样本的响应是从相同的初始条件开始的，从而提高了训练过程的一致性和可靠性。

13.2 实验设计

13.2.1 数据集

本实验采用的 MNIST 数据集是机器学习领域中广泛使用的手写数字识别数据集,如图 13.5 所示,包含了 0 ~ 9 共 10 个数字的灰度图像。数据集分为两部分,一部分是包含 60 000 张图像的训练集,另一部分是包含 10 000 张图像的测试集。每张图像的尺寸为 28×28 像素,是一个标准化的固定大小,方便直接用于模型训练和测试。

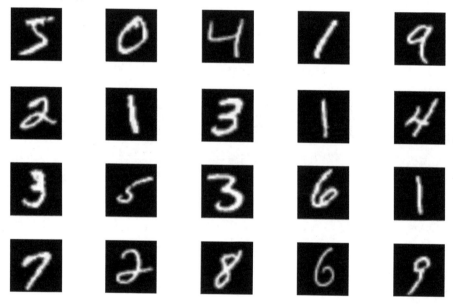

图 13.5 手写数字数据集

13.2.2 预处理

在将数据输入到 SNN 之前进行一系列预处理步骤,以确保数据格式适合脉冲神经网络的处理要求。首先,所有图像都被归一化到 0 ~ 1 之间,这一步骤旨在减少模型训练中的数值不稳定性,并提高模型对不同图像的响应灵敏度。

13.2.3　实验参数

实验中设置了以下一些参数来配置 SNN 模型。

(1)学习率。设置为 0.001,确保优化过程稳定进行。

(2)批大小。设置为 64,平衡了内存使用和训练效率。

(3)批次数。训练过程持续 100 个批次,以足够的迭代次数确保学习效果。

(4)Tau(τ)值。LIF 神经元的时间常数设置为 2.0,影响神经元的膜电位衰减速度。

(5)时间步长(T)。仿真时间步长定为 100,模拟在一定时间内的神经活动。

13.2.4　批处理和优化

训练 SNN 时,每个批次中的数据批次被送入模型进行处理。为了加速训练过程,采用了自动混合准确率(automotic mixed precision,AMP),AMP 能够在不牺牲模型准确率的前提下,显著减少计算时间和内存使用。

13.2.5　仿真和损失计算

SNN 的训练核心在于处理和解码时间序列数据。在每个训练步骤中,通过累积 T 个时间步长的网络输出,计算得到平均发放率。然后,使用平均发放率与目标值(经过独热编码的标签)之间的均方误差作为损失函数,指导模型参数的更新。

```
optimizer. zero_grad( )

out_fr = model( encoded_img)／ T

loss = F. mse_loss( out_fr, label_onehot)

loss. backward( )

optimizer. step( )
```

在上述代码片段中,model(encoded_img)／ T 计算了经过编码的输入图像在 T 个时间步内的平均发放率,F. mse_loss 计算了模型输出和目标标签之间的 MSE 损失,从而优化模型以提高识别准确性。每个 epoch 后,使用 optimizer. step( )更新模型权重,optimizer. zero_grad( )清除旧的梯度,为下一个批次做准备。

通过这种训练方法,SNN 能够逐渐适应手写数字的不同特征,并学会以特定的脉冲模式对每个数字类别进行编码,最终达到对 MNIST 数据集中的手写数字进行准确分类的目的。

13.3　训练结果

13.3.1　性能指标

取 tau＝2.0、T＝100,batch_size＝64、lr＝1e−3,对应的运行命令为

python −m spikingjelly. activation_based. examples. lif_fc_mnist −tau 2.0 −T 100 −device cuda:0 −b 64 −epochs 100 −data−dir <PATH to MNIST> −amp −opt adam −lr 1e−3 −j 8

训练 100 个批次后,将会输出 2 个 npy 文件和训练日志。测试集上的最高正确率为 92.9%,显示出良好的泛化能力。损失呈现出随训练周期增加而逐渐下降的趋势,最终在训练集和测试集上均趋于稳定,这表明模型在学习过程中逐步提高了对手写数字的识别准确性,并有效避免了过拟合。

13.3.2　参数分析

实验中对仿真时间步长 T 和膜电位衰减常数 τ 进行了敏感性分析。结果表明,T 的增加通常会提高模型的准确率,但当 T 超过一定阈值(如 200)时,性能提高不再显著,同时计算成本显著增加;τ 在 1.0~5.0 之间变化时,模型性能相对稳定,但若 τ 过大或过小,则会导致神经元过于敏感或反应迟钝,从而影响整体性能,这些发现强调了在设计 SNN 时合理选择参数的重要性。

13.3.3　模型性能

通过 matplotlib 可视化得到的准确率曲线如图 13.6 所示。

与传统的非 SNN 模型(如简单的全连接网络或 CNN)相比,SNN 模型在 MNIST 手写数字识别任务上表现出竞争力的准确率,尤其是在较低的计算复杂度和内存使用方面。SNN 的这一优势归因于其能够有效利用脉冲序列的时间动态信息,以及对输入数据的稀疏表示。此外,SNN 的生物学科解释性为未来的研究提供了新的视角和可能性。通过 visualizing 模块中的函数可视化得到输出层的脉冲如图 13.7 所示。

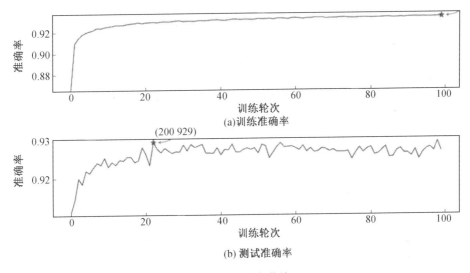

(a)训练准确率

(b) 测试准确率

图 13.6　准确率曲线

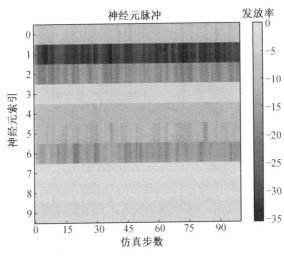

图 13.7　输出层的脉冲

13.3.4　优化策略

本实验采用的自动混合准确率训练策略和 Adam 优化器证明了其在 SNN 训练中的有效性。AMP 通过减少计算量和内存需求加速了训练过程,而不牺牲模型的性能。Adam 优化器则因其自适应学习率调整特性,在处理 SNN 的不稳定性和稀疏性方面表现出优越性。此外,选择 MSE 作为损失函数,直接针对脉冲发放率的优化进一步提高了模型在脉冲神经网络中的应用效果。

13.3.5　结论

本研究通过在 MNIST 数据集上实现和训练 SNN 模型,展示了 SNN 在手写数字识别任务上的有效性和潜力。通过对关键参数的敏感性分析和优化策略的应用,不仅提高了模型的性能,还提出了有效的训练方法。虽然与传统的深度学习模型相比,SNN 在性能上仍有提升空间,但其对计算资源的低要求和生物学科的解释性为未来的深度学习研究提供了有价值的参考。

13.4　本章小结

本章主要探讨了脉冲神经网络的基本原理及其在手写数字识别任务中的应用。本书使用了 MNIST 数据集,通过在 PyTorch 中搭建简单的 SNN 模型,并采用自动混合准确率和 Adam 优化器进行训练。实验结果表明,SNN 在手写数字识别任务中表现出较高的准确性和良好的泛化能力,同时在计算资源的使用上具有优势。关键参数的敏感性分析和优化策略进一步提升了模型性能,展示了 SNN 在图像识别任务中的潜力和有效性。

第 14 章

深度脉冲神经网络模型在离线手写汉字中的研究

14.1 基于脉冲神经网络的汉字识别研究

14.1.1 脉冲神经网络

脉冲神经网络是一类受生物大脑启发的神经网络,它们试图更贴近地模拟真实神经元的动态行为。与传统的深度学习模型(如卷积神经网络和循环神经网络)不同,SNN 在处理信息时采用了时间动态的脉冲信号,这种方式被认为是大脑中神经元通信的更真实表征。在汉字识别任务中使用的动态阈值脉冲神经元(double-threshold leaky integrate and fire node, DVLIFNode)是一种特殊的神经元模型。它不仅考虑了神经元的膜电位和发放脉冲的机制,还引入了动态阈值的概念,这意味着神经元的阈值不是固定不变的,而是可以根据输入信号的性质或神经元本身的状态动态调整。这种灵活性提高了模型的适应性和鲁棒性,使其能够更好地处理复杂的模式识别任务。

汉字识别是一个典型的模式识别任务,它面临的挑战包括汉字的高维度、结构复杂性和样式多样性。传统的深度学习模型虽然在这一任务上取得了显著进展,但它们通常需要大量的计算资源和能耗。相比之下,SNN 以其低能耗和高效的时间动态处理能力,展现出在处理此类任务时的潜在优势。

通过在 SNN 中实现脉冲神经元模型(如 DVLIFNode),可以构建出对时间敏感的神经网络,这对于识别和处理汉字图像中的动态变化和细微差别尤为重要。此外,SNN 的处理方式也更接近人类大脑处理视觉信息的方式,这为开发出更加高效和智能的汉字识别系统提供了可能。

14.1.2　卷积脉冲神经网络原理

本研究使用一种基于卷积脉冲神经网络(convolutional spiking neural network,CSNN)的汉字识别方法,旨在模拟生物神经系统的脉冲传递机制以更有效地处理时空相关性。

CSNN 采用了卷积结构,以捕捉汉字图像中的局部特征。脉冲神经元的引入使得的网络能够更灵活地处理时序信息,从而更好地适应汉字的书写结构和笔画顺序。代码定义了一个名为 CSNN 的 SNN 模型,该模型采用脉冲神经元作为激活单元,通过卷积层、池化层和全连接层等组件搭建而成。这种结构模拟了生物神经系统中神经元的脉冲传递过程,使得模型更适合处理时序信息,这在汉字识别任务中有助于捕捉字形的时序变化。

实验运用混合准确率训练,通过调整参数可选择是否使用自动混合准确率,减小模型训练所需的内存,并提高训练速度。此外可以选择使用 Cupy 后端,这对于一些 GPU 加速的操作可能提供更好的性能。代码提供了保存脉冲编码结果的功能,通过-save-es 参数可以指定保存的路径,这有助于了解网络对输入数据的脉冲响应,为 SNN 模型解释性和调试提供了支持。

本章验证提出的方法在汉字识别任务上的有效性,通过使用大规模的汉字数据集进行训练和测试。相对于传统的深度学习方法,本章的卷积 SNN 模型在处理具有多样性书写风格的样本时表现出色,在汉字识别任务上取得了更好的性能。

本章还在 MNIST 数据集和目标检测数据集上测试了脉冲 CNN 模型。在MNIST 数据集中,使用的网络包含 2 个核尺寸为 5×5 的卷积层和 2 个平均池化层,然后是一个全连接层。与传统的 CNN 一样,网络使用弹性失真对数据集进行了预处理。脉冲 CNN 模型在 MNIST 数据集上获得了 99.42% 的准确率,比其他脉冲 CNN 模型具有更轻量化的结构和更好的性能。

此外,本章在一个自定义的对象检测数据库上配置相同的网络结构,以评估所提出的模型性能,在训练了 200 个批次后报告了测试准确率。从表 14.1 中可以看出,本章使用的脉冲 CNN 模型可以达到与非脉冲 CNN 相比的性能水平。

表 14.1　在 MNIST 数据集上和其他的脉冲 CNN 比较

模型	网络结构	准确率
Spilking CNN(pre-training)(Esser 等,2016)	28×28×1−12C5−P2−64C5−P2−10	99.12%
Spilking CNN(BP)(Lee 等,2016)	28×28×1−20C5−P2−50C5−P2−200−10	99.31%
Spilding CNN(STBP)	28×28×1−15C5−P2−40C5−P2−300−10	99.42%

表 14.2　在目标检测数据集上与典型 CNN 的比较

模型	网络结构	准确率	
		均置	置信区间*
Non-spilking CNN(BP)	28×28×1−6C3−300−10	98.57	[98.57%,98.57%]
Spilking CNN(STBP)	28×28×1−6C3−300−10	98.59	[98.26%,98.89%]

＊结果来自于训练轮数为 201～210。

14.2　基本组件和网络结构

在脉冲神经网络中,膜电位动态是理解神经元如何处理信息和进行学习的关键。以汉字识别任务为例,本节将详细阐述膜电位动态及其在动态阈值脉冲神经元(DVLIFNode)中的实现方式。

14.2.1　膜电位动态

脉冲神经元的基本工作原理是通过模拟生物神经元的电生理行为来处理信息。在脉冲神经元模型中,神经元的膜电位是一个关键的内部状态,它反映了神经元当前的激活水平。当膜电位达到某个特定的阈值时,神经元发放一个脉冲,并通过突触向其他神经元传递信息,然后膜电位重置。

14.2.2　动态阈值脉冲神经元

在汉字识别任务中使用的 DVLIFNode 模型进一步扩展了传统的脉冲神经元模型,该模型引入了动态阈值的概念,这意味着神经元的发放阈值不再是静态的,而是可以根据输入信号或网络的状态动态调整。

DVLIFNode 的膜电位为

$$V(t+1) = V(t) + \frac{(I(t)-V(t)+V_{\text{reset}})}{\tau} - A \cdot \text{Sigmoid}(a) \cdot V(t) \qquad (14.1)$$

式中,$V(t)$ 为在时间 t 的膜电位;$I(t)$ 为输入电流;V_{reset} 为重置电位;τ 为时间常数,控制膜电位衰减的速度;A 为调节因子,表示动态阈值的调整强度;a 为内部参数,控制动态阈值调整的非线性特性。

式(14.1)不仅考虑了输入信号和膜电位的当前状态,还通过 $A \cdot \text{Sigmoid}(a) \cdot V(t)$ 引入了对膜电位的动态调整,这样的设计使得神经元能够根据不同的输入模式调整其发放阈值,提高了网络处理复杂、高维度数据(如汉字图像)的能力。

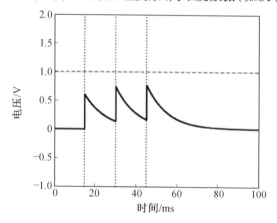

图 14.1　脉冲神经元电位变化

如图 14.1 所示,虚线标出了 3 个输入激发的时刻,分别为 15 ms、30 ms 和 45 ms。曲线表示神经元的膜电位如何随时间变化。每次输入激发到来时,膜电位都会增加,当电压值超过阈值(1.0 V)时,神经元发放动作电位。

动态阈值的引入使得神经元在不同的输入条件下表现出不同的敏感度。对于汉字识别任务,这意味着 DVLIFNode 网络能够更灵活地应对汉字之间的细微差异,以及同一汉字在不同字体、大小或样式下的变化。动态阈值有助于增强模型的泛化能力和鲁棒性,从而提高识别的准确率。

膜电位动态及其在 DVLIFNode 模型中的实现是脉冲神经网络处理图像识别任务,特别是复杂任务如汉字识别的核心机制之一。通过模拟神经元的电生理特性,引入动态阈值的概念,SNN 能够以一种接近生物神经系统的方式处理信息,展现出对时间序列数据和复杂模式的高效处理能力。

14.2.3　发放脉冲与重置机制

在脉冲神经网络中,特别是在处理汉字识别这样的复杂视觉任务时,发放脉冲与重置机制是神经元动态行为的关键组成部分,这一机制不仅允许神经网络模拟生物神经系统的行为,而且为网络提供了一种高效的信息处理和传递方式。

在 SNN 中,当神经元的膜电位累积到达某个阈值时,神经元会发放一个脉冲。这个脉冲代表了神经元的一次激活或动作电位的发放,它将会沿着连接的突触传递给其他神经元。在汉字识别任务中,这意味着当神经元检测到特定的视觉特征或模式达到一定的激活程度时,它会通过发放脉冲来响应这些特征或模式。脉冲的发放是 SNN 区别于其他类型神经网络的显著特征,它使得 SNN 在处理视觉信息时,能够更加高效地利用时间维度,从而更紧密地模拟生物视觉系统的工作方式。

如图 14.2 所示,脉冲发放后,神经元的膜电位会被重置,以便神经元能够接收新的输入并进行下一次激活。在动态阈值脉冲神经元模型中,重置不仅涉及将膜电位降低到基线水平(通常是靠近静息电位的值),还可能调整神经元的阈值,使其对随后的输入具有不同的敏感度。

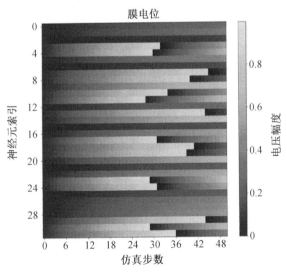

图 14.2　随机信号神经元网络仿真

图 14.2 是使用 LIF 模型进行神经元网络仿真,一定数量的仿真步数记录并可视化一组神经元的膜电位和发放脉冲。这张图显示的是 32 个神经元在 50 个仿真步数中的膜电位变化,每行代表 1 个神经元,每列代表 1 个仿真步数。色条

（color bar）显示了膜电位的幅度,从 0 ~ 0.8 变化,其中颜色越接近黄色代表膜电位越高,越接近紫色代表膜电位较低。

在图 14.2 中可以观察到,只有部分神经元在某些时刻发放了动作电位,这反映了持续输入的特定特征可能导致某些神经元的膜电位持续上升,并最终触发动作电位。这种模型能够捕捉输入数据的时间依赖性,即在连续的输入刺激下,神经元的活动状态会有持续性的影响。

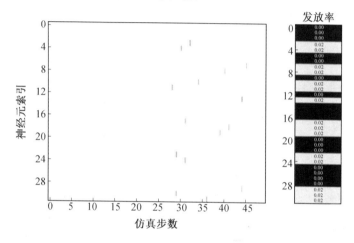

图 14.3　神经元动作电位

如图 14.3 所示,脉冲神经网络通过其固有的时间动态特性(如神经元的激活和重置机制)能够持续地响应连续变化的输入数据。在汉字识别中,每个神经元可以专门对某些笔画或结构特征敏感,一旦识别到这些特征,便通过发放脉冲和随后的重置为接下来的特征识别做准备。这种方式使得 SNN 在处理汉字的多个组成部分时更为高效和灵活。

14.2.4　激活函数

SNN 通过模拟生物神经系统的动态处理机制,为处理高维度和复杂结构的数据提供了一种高效且生物学上可解释的方法。关键于 SNN 性能的两个核心因素是激活函数的选择与网络参数的优化策略。

在传统神经网络中,激活函数引入非线性,使网络能够学习复杂的函数映射。与此相比,SNN 中的激活函数具有更特殊的角色——控制神经元的发放行为。当神经元的膜电位超过某个阈值时,激活函数决定神经元是否发放脉冲,并随后重置其膜电位。这一过程模拟了生物神经元的动作电位发放机制,是 SNN 处理信息和进行学习的基础。在汉字识别模型中,比较了 Sigmoid 和 ATan 两种激活函数,这两种激活函数都能在 SNN 中模拟神经元的发放行为,但 ATan 因其在特定条件下的性能优势被选为主要激活函数。ATan 函数提供了一种平滑的过渡,使神经元能够更精确地调节其对输入信号的响应,从而提高了汉字识别的准确率。

14.2.5　CSNN 结构

如图 14.4 所示,CSNN 结构由多个卷积块、池化层、全连接层和一个输出层组成。每个卷积块通过提取图像的局部特征来逐步增加数据的抽象级别,而池化层则负责降低特征维度并增加模型的空间不变性。通过这种层次化和逐步抽象的过程,网络能够有效识别和分类高度复杂的汉字图像。

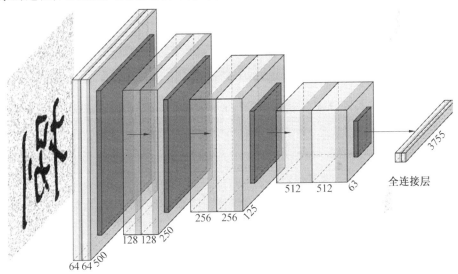

图 14.4　CSNN 框架

使用 3×3 或 5×5 的卷积核捕捉图像中的细节和纹理信息。采用最大池化减少计算量,保留最显著的特征。将卷积层和池化层提取的特征图展平后,通过全连接层进行高级特征的组合和分类。最后,通过一个输出层将网络的预测结果映射到汉字的类别上。

14.2.6　分类器设计与实现

在 CSNN 的末端,本章设计了一个特别的分类器,该分类器由全连接层和 1 个基于动态阈值的脉冲神经元(如 DVLIFNode)组成。这种设计允许网络不仅基于静态特征进行分类,还能利用脉冲的时序信息增加分类过程的动态性和准确性。

全连接层将抽象的特征向量转换为与汉字类别数据相对应的维度。利用 DVLIFNode 实现,根据输入特征的动态变化生成脉冲序列,通过脉冲的累积数量进行最终的汉字分类。

CSNN 中的 DVLIFNode 起到了至关重要的作用。与传统的激活函数不同,DVLIFNode 能够根据输入信号的变化动态调整其阈值,从而对不同的输入模式产生不同的响应。这种机制使得 CSNN 在处理具有细微差异的汉字图像时,能够更加灵敏和准确。

通过以上设计,CSNN 结构能够有效地结合深度学习的特征提取能力和 SNN 的动态信息处理优势,为汉字识别任务提供了一种高效且准确的解决方案。通过层次化的特征提取、空间不变性的增强,以及动态阈值脉冲神经元的引入,CSNN 展现了对复杂汉字图像强大的识别能力。

14.2.7　混合准确率训练

在代码中混合准确率训练的使用是通过检查代码中是否存在对应的 API 调用或设置来体现的,它是一种在深度学习中优化模型训练过程的技术,它通过利用现代 GPU 在处理 float16 运算时的高效性,同时管理 float32 运算以保证数值稳定性,从而实现了训练加速和内存节省。

使用 float16 进行的计算通常比使用 float32 进行的计算快,float16 的参数和中间变量占用的内存比 float32 少,因此能够在相同的硬件条件下训练更大的模型或使用更大的批量大小。虽然 float16 提供了速度和内存使用上的优势,但直接使用可能会因为数值准确率不足而影响模型性能。混合准确率训练通过调整尺度和自动选择最优准确率运算,有效缓解了这一问题。

在实际应用中,混合准确率训练是提高深度学习模型训练效率的有效方法之一。对于复杂的任务,如汉字识别,它能够显著减少模型训练所需的时间和资源,而不牺牲模型的准确性和鲁棒性。

14.3　训练结果

运行以下脚本:

scnn.py −T 8 −device cuda:0 −b 128 −epochs 64 −data−dir /path/to/data −

amp −cupy −opt sgd −lr 0.1 −j 8

这个命令将在 cuda:0 设备上,以 128 的批次大小和 0.1 的学习率运行 64 个批次,数据集位于/path/to/data 路径,使用 SGD 优化器,并启用自动混合准确率训练和 Cupy 加速。经过对卷积脉冲神经网络模型进行了 3 755 类汉字的训练,模型在汉字识别任务上达到了 93.8% 的准确率。

14.4 本章小结

本章研究了深度脉冲神经网络在手写离线汉字识别中的应用,通过引入动态阈值脉冲神经元模型,增强了网络的灵活性和鲁棒性。利用卷积脉冲神经网络结构,结合脉冲神经元的时间动态处理能力,有效捕捉了汉字图像的时空特征。在实验中,通过混合准确率训练和自动混合准确率技术,在大规模汉字数据集上实现了 93.8% 的识别准确率,验证了 CSNN 在复杂视觉任务中的有效性和高效性。

参考文献

［1］MELNYK P, YOU Z Q, LI K Q. A high-performance CNN method for offline handwritten Chinese character recognition and visualization［J］. Soft Computing, 2020, 24(11): 7977-7987.

［2］LIU C L, YIN F, WANG D H, et al. Online and offline handwritten Chinese character recognition: Benchmarking on new databases［J］. Pattern Recognition, 2013, 46(1): 155-162.

［3］XU L, WANG Y X, LI X X, et al. Recognition of handwritten Chinese characters based on concept learning ［J］. IEEE Access, 2019, 7: 102039-102053.

［4］CAO Z, LU J, CUI S, et al. Zero-shot Handwritten Chinese Character Recognition with hierarchical decomposition embedding ［J］. Pattern Recognition, 2020, 107: 107488.

［5］陈站, 邱卫根, 张立臣. 基于改进 inception 的离线手写汉字识别［J］. 计算机应用研究, 2020, 37(4): 1244-1246.

［6］林恒青, 郑晓斌, 王麟珠, 等. 基于深度卷积神经网络和随机弹性变换的离线手写形近汉字识别［J］. 兰州工业学院学报, 2020, 27(3): 62-67.

［7］卢宏涛, 张秦川. 深度卷积神经网络在计算机视觉中的应用研究综述［J］. 数据采集与处理, 2016, 31(1): 1-17.

［8］XIAO X F, JIN L W, YANG Y F, et al. Building fast and compact convolutional neural networks for offline handwritten Chinese character recognition［J］. Pattern Recognition, 2017, 72: 72-81.

［9］闫喜亮, 王黎明. 卷积深度神经网络的手写汉字识别系统［J］. 计算机工程与应用, 2017, 53(10): 246-250.

[10] LUO W K, SEI-ICHIRO K. Radical region based CNN for offline handwritten Chinese character recognition[C]. Nanjing：2017 4th IAPR Asian Conference on Pattern Recognition (ACPR), 2017.

[11] 李国强，周贺，马锴，等. 特征分组提取融合深度卷积神经网络手写汉字识别[J]. 计算机工程与应用, 2020, 56(12)：163-168.

[12] 朱莉玲. 数字图像处理技术与应用研究[J]. 信息系统工程, 2016(4)：84.

[13] 陈凯. 基于深度学习的图像分类方法研究[D]. 沈阳：沈阳理工大学, 2022.

[14] SŁADKOWSKI A, PAMUŁA W. Intelligent transportation systems – problems and perspectives[M]. Cham：Springer International Publishing, 2016.

[15] MELONI I, SANJUST DI TEULADA B, SPISSU E. Lessons learned from a personalized travel planning (PTP) research program to reduce car dependence [J]. Transportation, 2017, 44(4)：853-870.

[16] 童朝娣，孟秋云. 基于卷积神经网络的双行车牌识别过程分析[J]. 长江信息通信, 2022(12)：104-106.

[17] 肖爱迪，骆力明，刘杰. 改进的 HOG 和 SVM 的硬笔汉字分类算法[J]. 计算机工程与设计, 2022, 43(8)：2236-2243.

[18] 鱼跃华. 破损文物碎片的深度学习分类方法研究[D]. 西安：西北大学, 2023.

[19] 翟俊海，赵文秀，王熙照. 图像特征提取研究[J]. 河北大学学报(自然科学版), 2009, 29(1)：106-112.

[20] 黄凯奇，任伟强，谭铁牛. 图像物体分类与检测算法综述[J]. 计算机学报, 2014, 37(6)：1225-1240.

[21] KRIZHEVSKY A, SUTSKEVER I, HINTON G E. ImageNet classification with deep convolutional neural networks[J]. Communications of the Acm, 2017, 60 (6)：84-90.

[22] HE K M, ZHANG X Y, REN S Q, et al. Deep residual learning for image recognition[C]. Las Vegas：2016 IEEE Conference on Computer Vision and Pattern Recognition (CVPR),2016.

[23] BA J L, KIROS J R, HINTON G E. Layer normalization[EB/OL]. 2016：1607. 06450. https://arxiv. org/abs/1607.06450v1.

[24] VASWANI A , SHAZEER N , PARMAR N ,et al. Attention is all you need

［J］. arXiv, 2017.

［25］ GEHRING J, AULI M, GRANGIER D, et al. Convolutional sequence to sequence learning［C］. Sydney：Proceedings of the 34th International Conference on Machine Learning-Volume 70., 2017.

［26］ CARION N, MASSA F, SYNNAEVE G, et al. End-to-end object detection with transformers［C］//European conference on computer vision. Cham：Springer International Publishing, 2020：213-229.

［27］ REN S Q, HE K M, GIRSHICK R, et al. Faster R-CNN：Towards real-time object detection with region proposal networks［J］. IEEE Transactions on Pattern Analysis and Machine Intelligence, 2017, 39(6)：1137-1149.

［28］ HE T, ZHANG Z, ZHANG H, et al. Bag of tricks for image classification with convolutional neural networks［C］. Long Beach：2019 IEEE/CVF Conference on Computer Vision and Pattern Recognition (CVPR),2019.

［29］ 铁惠杰. 基于深度学习的离线手写汉字识别［D］. 北京：北京工业大学, 2020.

［30］ AMIN M S, YASIR S M, AHN H. Recognition of pashto handwritten characters based on deep learning［J］. Sensors, 2020, 20(20)：5884.

［31］ YANG T J, CHEN Y H, SZE V. Designing energy-efficient convolutional neural networks using energy-aware pruning［C］. Honolulu：2017 IEEE Conference on Computer Vision and Pattern Recognition (CVPR), 2017.

［32］ 王军, 冯孙铖, 程勇. 深度学习的轻量化神经网络结构研究综述［J］. 计算机工程, 2021, 47(8)：1-13.

［33］ 焦李成, 孙其功, 杨育婷, 等. 深度神经网络 FPGA 设计进展、实现与展望［J］. 计算机学报, 2022, 45(3)：441-471.

［34］ LIU L, DENG L, CHEN Z D, et al. Boosting deep neural network efficiency with dual-module inference［C］. Proceedings of the 37th International Conference on Machine Learning, 2020.

［35］ 宋琳, 刘永涛. 加权 HOG 与特征融合行为识别方法研究［J］. 软件导刊, 2021, 20(11)：53-56.

［36］ 陈昱辰, 曾令超, 张秀妹, 等. 基于图像 LBP 特征与 Adaboost 分类器的垃圾分拣识别方法［J］. 南方农机, 2021, 52(21)：136-138.

［37］ 朱命昊. 基于深度注意网络的图像分类［D］. 西安：西安电子科技大

学, 2021.

[38] DALAL N, TRIGGS B. Histograms of oriented gradients for human detection [C]. San Diego: 2005 IEEE Computer Society Conference on Computer Vision and Pattern Recognition (CVPR'05), 2005.

[39] LOWE D G. Distinctive image features from scale-invariant keypoints[J]. International Journal of Computer Vision, 2004, 60(2): 91-110.

[40] 王永强. 基于深度学习的离线手写汉字识别研究[D]. 昆明: 云南大学, 2019.

[41] 黄洋. 基于深度学习的离线手写汉字识别技术研究[D]. 重庆: 重庆邮电大学, 2019.

[42] HE K M, ZHANG X Y, REN S Q, et al. Spatial pyramid pooling in deep convolutional networks for visual recognition[J]. IEEE Transactions on Pattern Analysis and Machine Intelligence, 2015, 37(9): 1904-1916.

[43] LI Z Y, TENG N J, JIN M, et al. Building efficient CNN architecture for offline handwritten Chinese character recognition[J]. International Journal on Document Analysis and Recognition (IJDAR), 2018, 21(4): 233-240.

[44] PARIKH A, TÄKSTRÖO, DAS D, et al. A decomposable attention model for natural language inference[C]//Proceedings of the 2016 Conference on Empirical Methods in NaturalLanguage Processing. Austin: Association for Computational Linguistics, 2016: 2249-2255.

[45] DEVLIN J, CHANG M W, LEE K, et al. BERT: Pre-training of deep bidirectional transformers for language understanding[EB/OL]. 2018: 1810. 04805. https://arxiv. org/abs/1810. 04805v2.

[46] BROWN T B, MANN B, RYDER N, et al. Language Models are Few-Shot Learners[J]. 2020. DOI:10.48550/arXiv. 2005. 14165.

[47] DOSOVITSKIY A, BEYER L, KOLESNIKOV A, et al. An image is worth 16x16 words: Transformers for image recognition at scale[J]. Prepriot. arXiv, 2020: 2010. 11929.

[48] BAHDANAU D, CHO K, BENGIO Y. Neural machine translation by jointly learning to align and translate[J]. Preprint. 2014:1409. 0473.

[49] BAZI Y, BASHMAL L, AL RAHHAL M M, et al. Vision transformers for remote sensing image classification[J]. Remote Sensing, 2021, 13(3): 516.

［50］王嘉楠，高越，史骏，等. 基于视觉转换器和图卷积网络的光学遥感场景分类［J］. 光子学报，2021，50（11）：306-313.

［51］TOUVRON H, CORD M, DOUZE M, et al. Training data-efficient image transformers & distillation through attention［EB/OL］. 2020：2012. 12877. https：//arxiv. org/abs/2012. 12877v2.

［52］ZHANG J N, PENG H W, WU K, et al. MiniViT：Compressing vision transformers with weight multiplexing［C］. New Orleans：2022 IEEE/CVF Conference on Computer Vision and Pattern Recognition (CVPR)，2022.

［53］WU K, ZHANG J N, PENG H W, et al. TinyViT：fast pretraining distillation for small vision transformers［C］//AVIDAN S, BROSTOW G, CISSÉ M, et al. European Conference on Computer Vision. Cham：Springer, 2022：68-85.

［54］YANG Z D, LI Z, ZENG A L, et al. ViTKD：Practical Guidelines for ViT feature knowledge distillation［EB/OL］. 2022：2209. 02432. https：//arxiv. org/abs/2209. 02432v1.

［55］DONG X Y, BAO J M, CHEN D D, et al. CSWin transformer：A general vision transformer backbone with cross-shaped windows［C］. New Orleans：2022 IEEE/CVF Conference on Computer Vision and Pattern Recognition (CVPR)，2022.

［56］LIN H Z, CHENG X, WU X Y, et al. CAT：Cross attention in vision transformer［C］. Taipei：2022 IEEE International Conference on Multimedia and Expo (ICME)，2022.

［57］WANG W H, XIE E Z, LI X, et al. Pyramid vision transformer：A versatile backbone for dense prediction without convolutions［C］. Montreal：2021 IEEE/CVF International Conference on Computer Vision (ICCV)，2021.

［58］HEO B, YUN S, HAN D, et al. Rethinking spatial dimensions of vision transformers［C］. Montreal：2021 IEEE/CVF International Conference on Computer Vision (ICCV)，2021.

［59］WU H P, XIAO B, CODELLA N, et al. CvT：Introducing convolutions to vision transformers［C］. Montreal：2021 IEEE/CVF International Conference on Computer Vision (ICCV)，2021.

［60］HAN K, XIAO A, WU E, et al. Transformer in transformer［J］. Advances in Neural Information Processing Systems, 2021, 34：15908-15919.

［61］ LIU Z, LIN Y T, CAO Y, et al. Swin transformer：Hierarchical vision transformer using shifted windows［C］. Montreal：2021 IEEE/CVF International Conference on Computer Vision（ICCV），2021.

［62］ 周於川. 基于压缩模型的离线手写汉字识别研究［D］. 重庆：重庆邮电大学，2021.

［63］ 黄聪，常滔，谭虎，等. 基于权值相似性的神经网络剪枝［J］. 计算机科学与探索，2018，12（8）：1278-1285.

［64］ 葛道辉，李洪升，张亮，等. 轻量级神经网络结构综述［J］. 软件学报，2020，31（9）：2627-2653.

［65］ 耿丽丽，牛保宁. 深度神经网络模型压缩综述［J］. 计算机科学与探索，2020，14（9）：1441-1455.

［66］ 曾焕强，胡浩麟，林向伟，等. 深度神经网络压缩与加速综述［J］. 信号处理，2022，38（1）：183-194.

［67］ 纪荣嵘，林绍辉，晁飞，等. 深度神经网络压缩与加速综述［J］. 计算机研究与发展，2018，55（9）：1871-1888.

［68］ IOFFE S, SZEGEDY C. Batch normalization：Accelerating deep network training by reducing internal covariate shift［C］. Lille：Proceedings of the 32nd International Conference on International Conference on Machine Learning-Volume，2015：448-456.

［69］ 高晗，田育龙，许封元，等. 深度学习模型压缩与加速综述［J］. 软件学报，2021，32（1）：68-92.

［70］ JADERBERG M, VEDALDI A, ZISSERMAN A. Speeding up convolutional neural networks with low rank expansions［EB/OL］. 2014：1405. 3866. https://arxiv. org/abs/1405. 3866v1.

［71］ LEBEDEV V, GANIN Y, RAKHUBA M, et al. Speeding-up convolutional neural networks using fine-tuned CP-decomposition［EB/OL］. 2014：1412. 6553. https://arxiv. org/abs/1412. 6553v3.

［72］ HAN S, MAO H Z, DALLY W J. Deep compression：Compressing deep neural networks with pruning, trained quantization and huffman coding［J］. Preprint，2015.

［73］ LI H, KADAV A, DURDANOVIC I, et al. Pruning filters for efficient ConvNets［EB/OL］. 2016：1608. 08710. https://arxiv. org/abs/

1608. 08710v3

[74] HE Y H, ZHANG X Y, SUN J. Channel pruning for accelerating very deep neural networks[C]. Venice: 2017 IEEE International Conference on Computer Vision (ICCV), 2017.

[75] MOLCHANOV P, TYREE S, KARRAS T, et al. Pruning convolutional neural networks for resource efficient inference[EB/OL]. 2016: 1611. 06440. https://arxiv. org/abs/1611. 06440v2.

[76] LIU Z, LI J G, SHEN Z Q, et al. Learning efficient convolutional networks through network slimming[C]. Venice: 2017 IEEE International Conference on Computer Vision (ICCV), 2017.

[77] LIN M, CHEN Q, YAN S C. Network in network[EB/OL]. 2013: 1312. 4400. https://arxiv. org/abs/1312. 4400v3.

[78] GHOLAMI A, KWON K, WU B C, et al. SqueezeNext: Hardware-aware neural network design[C]. Salt Lake City: 2018 IEEE/CVF Conference on Computer Vision and Pattern Recognition Workshops (CVPRW), 2018: 1638-1647.

[79] HOWARD A G, ZHU M L, CHEN B, et al. MobileNets: Efficient convolutional neural networks for mobile vision applications[EB/OL]. 2017: 1704. 04861. https://arxiv. org/abs/1704. 04861v1.

[80] ZHANG X Y, ZHOU X Y, LIN M X, et al. ShuffleNet: An extremely efficient convolutional neural network for mobile devices[C]. Salt Lake City: 2018 IEEE/CVF Conference on Computer Vision and Pattern Recognition, 2018.

[81] COURBARIAUX M, HUBARA I, SOUDRY D, et al. Binarized neural networks: Training deep neural networks with weights and activations constrained to +1 or −1[J]. Preprint, 2016: 1602. 02830.

[82] RASTEGARI M, ORDONEZ V, REDMON J, et al. XNOR-net: ImageNet classification using binary convolutional neural networks [C]//European Conference on Computer Vision. Cham: Springer, 2016: 525-542.

[83] 包志强, 程萍, 黄琼丹, 等. 一种卷积神经网络的模型压缩算法[J]. 计算机与现代化, 2021(10): 107-111.

[84] HAN S, POOL J, NARANG S R, et al. DSD: Dense-sparse-dense training for deep neural networks[EB/OL]. 2016: 1607. 04381. https://arxiv. org/abs/

1607.04381v2.

[85] KIM Y, RUSH A M. Sequence-level knowledge distillation[EB/OL]. 2016: 1606.07947. https://arxiv.org/abs/1606.07947v4.

[86] AHN S, HU S X, DAMIANOU A, et al. Variational information distillation for knowledge transfer[C]. Long Beach: 2019 IEEE/CVF Conference on Computer Vision and Pattern Recognition (CVPR), 2019.

[87] HU Y M, SUN S Y, LI J Q, et al. A novel channel pruning method for deep neural network compression[EB/OL]. 2018: 1805.11394. https://arxiv.org/abs/1805.11394v1.

[88] CHEN, LIPING, YANG, et al. Thinning of convolutional neural network with mixed pruning[J]. IET Image Processing, 2019.

[89] LUO J H, WU J X. An entropy-based pruning method for CNN compression [EB/OL]. 2017: 1706.05791. https://arxiv.org/abs/1706.05791v1.

[90] HAN S, POOL J, TRAN J, et al. Learning both weights and connections for efficient neural networks[C]//Montreal: Proceedings of the 28th International Conference on Neural Information Processing Systems-Volume 1, 2015.

[91] HAN S, LIU X Y, MAO H Z, et al. EIE: Efficient inference engine on compressed deep neural network[C]. Seoul: 2016 ACM/IEEE 43rd Annual International Symposium on Computer Architecture (ISCA), 2016.

[92] GOU J P, YU B S, MAYBANK S J, et al. Knowledge distillation: A survey [J]. International Journal of Computer Vision, 2021, 129(6): 1789-1819.

[93] PARK W, KIM D, LU Y, et al. Relational knowledge distillation[C]. Long Beach: 2019 IEEE/CVF Conference on Computer Vision and Pattern Recognition (CVPR), 2019.

[94] PENG B, JIN X, LI D, et al. Correlation Congruence for Knowledge Distillation[J]. IEEE, 2020, DOI:10.1109/ICCV.2019.00511.

[95] TUNG F, MORI G. Similarity-preserving knowledge distillation[C]. Seoul: 2019 IEEE/CVF International Conference on Computer Vision (ICCV), 2019.

[96] HINTON G E, VINYALS O, DEAN J. Distilling the knowledge in a neural network [J]. arxiv preprint arxiv:1503.02531, 2015.

[97] KIM J, PAEK S, KWAK N. Paraphrasing Complex Network: Network Compression via Factor Transfer[J]. 2018. DOI:10.48550/arXiv.1802.04977.

[98] PASSALIS N, TEFAS A. Learning deep representations with probabilistic knowledge transfer[C]//European Conference on Computer Vision. Cham: Springer, 2018: 283-299.

[99] ROMERO A, BALLAS N, KAHOU S E, et al. FitNets: Hints for thin deep nets[EB/OL]. 2014: 1412.6550. https://arxiv.org/abs/1412.6550v4.

[100] HUANG Z H, WANG N Y. Like what you like: Knowledge distill via neuron selectivity transfer[EB/OL]. 2017: 1707.01219. https://arxiv.org/abs/1707.01219v2.

[101] HEO B, LEE M, YUN S, et al. Knowledge transfer via distillation of activation boundaries formed by hidden neurons[J]. Proceedings of the AAAI conference on artificial intelligence, 2019, 33(1): 3779-3787.

[102] HEO B, LEE M, YUN S, et al. Knowledge distillation with adversarial samples supporting decision boundary[J]. Proceedings of the AAAI conference on artificial intelligence, 2019, 33(1): 3771-3778.

[103] LEE C Y, GALLAGHER P W, TU Z. Generalizing pooling functions in convolutional neural networks: Mixed, gated, and tree[C]. PMLR: Artificial intelligence and statistics, 2016.

[104] 田娟, 李英祥, 李彤岩. 激活函数在卷积神经网络中的对比研究[J]. 计算机系统应用, 2018, 27(7): 43-49.

[105] 徐增敏, 陈凯, 郭威伟, 等. 面向轻量级卷积网络的激活函数与压缩模型[J]. 计算机工程, 2022, 48(5): 242-250.

[106] 蒋昂波, 王维维. ReLU 激活函数优化研究[J]. 传感器与微系统, 2018, 37(2): 50-52.

[107] HAWKINS D M. The problem of overfitting[J]. Journal of Chemical Information and Computer Sciences, 2004, 44(1): 1-12.

[108] SRIVASTAVA N, HINTON G, KRIZHEVSKY A, et al. Dropout: A simple way to prevent neural networks from overfitting[J]. The Journal of Machine Learning Research, 2014, 15(1): 1929-1958.

[109] 刘欣. 基于卷积神经网络的联机手写汉字识别系统[D]. 哈尔滨: 哈尔滨工业大学, 2015.

[110] 周飞燕, 金林鹏, 董军. 卷积神经网络研究综述[J]. 计算机学报, 2017, 40(6): 1229-1251.

［111］白燕燕. 基于粒子群算法优化卷积神经网络结构［D］. 呼和浩特：内蒙古大学, 2019.

［112］SHAMI T M, EL-SALEH A A, ALSWAITTI M, et al. Particle swarm optimization：A comprehensive survey［J］. IEEE Access, 2859, 10：10031-10061.

［113］李剑. 基于粒子群算法的卷积神经网络优化研究［J］. 计算机与数字工程, 2020, 48(10)：2452-2457.

［114］KINGMA D P, BA J. Adam：A method for stochastic optimization［EB/OL］. 2014：1412. 6980. https://arxiv. org/abs/1412. 6980v9.

［115］LI H Y, WANG Z C, YUE X B, et al. A comprehensive analysis of low-impact computations in deep learning workloads［C］//Virtual Event：Proceedings of the 2021 Great Lakes Symposium on VLSI, 2021.

［116］孟宪法, 刘方, 李广, 等. 卷积神经网络压缩中的知识蒸馏技术综述［J］. 计算机科学与探索, 2021, 15(10)：1812-1829.

［117］ZAGORUYKO S, KOMODAKIS N. Paying more attention to attention：Improving the performance of convolutional neural networks via attention transfer［EB/OL］. 2016：1612. 03928. https://arxiv. org/abs/1612. 03928v3.

［118］WOO S, PARK J, LEE J Y, et al. CBAM：convolutional block attention module［M］//Computer Vision – ECCV 2018. Cham：Springer International Publishing, 2018：3-19.

［119］WANG Q L, WU B G, ZHU P F, et al. ECA-net：Efficient channel attention for deep convolutional neural networks［C］//Seattle：2020 IEEE/CVF Conference on Computer Vision and Pattern Recognition (CVPR), 2020.

［120］金连文, 钟卓耀, 杨钊, 等. 深度学习在手写汉字识别中的应用综述［J］. 自动化学报, 2016, 42(8)：1125-1141.

［121］LIU C L, MARUKAWA K. Pseudo two-dimensional shape normalization methods for handwritten Chinese character recognition［J］. Pattern Recognition, 2005, 38(12)：2242-2255.

［122］LIU C L. Normalization-cooperated gradient feature extraction for handwritten character recognition［J］. IEEE Transactions on Pattern Analysis and Machine Intelligence, 2007, 29(8)：1465-1469.

［123］MANGASARIAN O L, MUSICANT D R. Data discrimination via nonlinear generalized support vector machines［M］. Boston：Springer, 2001：233-251.

［124］LIU C L, SAKO H, FUJISAWA H. Discriminative learning quadratic discriminant function for handwriting recognition［J］. IEEE Transactions on Neural Networks, 2004, 15(2)：430-444.

［125］JIN X B, LIU C L, HOU X W. Regularized margin-based conditional log-likelihood loss for prototype learning［J］. Pattern Recognition, 2010, 43(7)：2428-2438.

［126］LECUN Y, BENGIO Y, HINTON G. Deep learning［J］. Nature, 2015, 521 (7553)：436-444.

［127］MNIH V, HEESS N, GRAVES A, et al. Recurrent models of visual attention ［C］. Montreal：Proceedings of the 27th International Conference on Neural Information Processing Systems-Volume 2m, 2014.

［128］SCHMIDHUBER J. Multi-column deep neural networks for image classification ［C］. ACM：Proceedings of the 2012 IEEE Conference on Computer Vision and Pattern Recognition (CVPR), 2012.

［129］袁柱. 基于深度学习的离线手写汉字识别的研究与应用［D］. 广州：广东工业大学, 2020.

［130］张秀玲, 周凯旋, 魏其珺, 等. 多通道交叉融合的深度残差网络离线手写汉字识别［J］. 小型微型计算机系统, 2019, 40(10)：2232-2235.

［131］YIN F, WANG Q F, ZHANG X Y, et al. ICDAR 2013 Chinese handwriting recognition competition［C］. Washington：2013 12th International Conference on Document Analysis and Recognition, 2013.

［132］ZHANG X Y, YIN F, ZHANG Y M, et al. Drawing and recognizing Chinese characters with recurrent neural network［J］. IEEE Transactions on Pattern Analysis and Machine Intelligence, 2018, 40(4)：849-862.

［133］ZHONG Z Y, JIN L W, XIE Z C. High performance offline handwritten Chinese character recognition using GoogLeNet and directional feature maps ［C］. ACM：Proceedings of the 2015 13th International Conference on Document Analysis and Recognition (ICDAR), 2015.

［134］CIREŞAN D, MEIER U. Multi-Column Deep Neural Networks for offline handwritten Chinese character classification［C］. Killarney：2015 International

Joint Conference on Neural Networks（IJCNN），2015.

［135］ CHEN L, WANG S, FAN W, et al. Beyond human recognition：A CNN-based framework for handwritten character recognition［C］. Kuala Lumpur：2015 3rd IAPR Asian Conference on Pattern Recognition（ACPR），2015.

［136］ ZHANG X Y, BENGIO Y, LIU C L. Online and offline handwritten Chinese character recognition：A comprehensive study and new benchmark［J］. Pattern Recognition，2017，61：348-360.

［137］ LIU H, LYU S J, ZHAN H J, et al. Writing style adversarial network for handwritten Chinese character recognition［C］// International Conference on Neural Information Processing. Cham：Springer，2019：66-74.

［138］ 侯杰，倪建成. 基于 GoogLeNet 的手写汉字识别［J］. 通信技术，2020，53（5）：1127-1132.

［139］ 周於川，谭钦红，奚川龙. SqueezeNet 和动态网络手术的离线手写汉字识别［J］. 小型微型计算机系统，2021，42（3）：556-560.

［140］ CONG J, XIAO B J. Minimizing computation in convolutional neural networks［C］//International Conference on Artificial Neural Networks. Cham：Springer，2014：281-290.

［141］ MATHIEU M, HENAFF M, LECUN Y. Fast training of convolutional networks through FFTs［EB/OL］. 2013：1312. 5851. https：//arxiv. org/abs/1312. 5851v5.

［142］ HOWARD A, SANDLER M, CHEN B, et al. Searching for MobileNetV3［C］. Seoul：2019 IEEE/CVF International Conference on Computer Vision（ICCV），2019.

［143］ MEHTA S, RASTEGARI M. MobileViT：Light-weight, general-purpose, and mobile-friendly vision transformer［EB/OL］. 2021：2110. 02178. https：//arxiv. org/abs/2110. 02178v2.

［144］ LAVIN A, GRAY S. Fast algorithms for convolutional neural networks［C］. Las Vegas：2016 IEEE Conference on Computer Vision and Pattern Recognition（CVPR），2016.

［145］ CHEN W L, WILSON J T, TYREE S, et al. Compressing neural networks with the hashing trick［C］. Lille：Proceedings of the 32nd International Conference on International Conference on Machine Learning-Volume

37,2015.

[146] XUE J, LI J Y, GONG Y F. Restructuring of deep neural network acoustic models with singular value decomposition [C]//Interspeech 2013. ISCA: ISCA, 2013: 2365-2369.

[147] CHEN L, WU C P, FAN W L, et al. Adaptive local receptive field convolutional neural networks for handwritten Chinese character recognition [C]//Chinese Conference on Pattern Recognition. Berlin: Springer, 2014: 455-463.

[148] BORJI A, ITTI L. State-of-the-art in visual attention modeling [J]. IEEE Transactions on Pattern Analysis and Machine Intelligence, 2013, 35 (1): 185-207.

[149] WANG F, JIANG M Q, QIAN C, et al. Residual attention network for image classification [C]. Honolulu: 2017 IEEE Conference on Computer Vision and Pattern Recognition (CVPR), 2017.

[150] XIAO T J, XU Y C, YANG K Y, et al. The application of two-level attention models in deep convolutional neural network for fine-grained image classification [C]. Boston: 2015 IEEE Conference on Computer Vision and Pattern Recognition (CVPR), 2015.

[151] LI X, ZHONG Z S, WU J L, et al. Expectation-maximization attention networks for semantic segmentation [C]. Seoul: 2019 IEEE/CVF International Conference on Computer Vision (ICCV), 2019.

[152] HU J, SHEN L, SUN G. Squeeze-and-excitation networks [C]. Salt Lake City: 2018 IEEE/CVF Conference on Computer Vision and Pattern Recognition, 2018.

[153] CHEN Y, KALANTIDIS Y, LI J, et al. A^2-nets: Double attention networks [J]. Advances in Neural Information Processing Systems, 2018, 31.

[154] LIU C L, YIN F, WANG D H, et al. CASIA online and offline Chinese hand-writing databases [C]. Beijing: 2011 International Conference on Document Analysis and Recognition, 2011.

[155] MA N N, ZHANG X Y, ZHENG H T, et al. ShuffleNet V2: Practical guidelines for efficient CNN architecture design [C]. Proceedings: Computer Vision – ECCV 2018: 15th European Conference, Munich, Germany, 2018.

［156］SANDLER M，HOWARD A，ZHU M L，et al. MobileNetV2：Inverted residuals and linear bottlenecks ［C］. Salt Lake City：2018 IEEE/CVF Conference on Computer Vision and Pattern Recognition，2018.